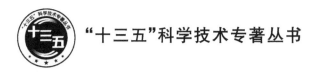

"十三五"科学技术专著丛书

基于 R 的数理统计学

崔玉杰　编著

U0291061

北京邮电大学出版社
www.buptpress.com

内 容 简 介

随着开源 R 软件在各个领域的快速发展,R 在传统数理统计中的应用开始为人们所推崇。

本书共 6 章,第 1 章介绍 R 的安装、RStudio 的使用、R 包的下载和加载等相关的基础知识;第 2 章介绍抽样基本理论,包括抽样及其分布;第 3 章介绍参数估计的基本内容,包括点估计、估计评价标准、区间估计等;第 4 章介绍假设检验的基本概念及各种检验函数 z. test()、t. test()、var. test()、chisq. test()、binom. test() 的使用等;第 5 章介绍方差分析以及重要的 aov() 函数;第 6 章介绍一元线性回归分析的基本理论、重要的 lm() 函数以及各种作图。

本书可作为统计专业、非统计专业高年级本科生以及非统计专业研究生的参考书。

图书在版编目(CIP)数据

基于 R 的数理统计学 / 崔玉杰编著. -- 北京:北京邮电大学出版社,2020.4(2023.10 重印)
ISBN 978-7-5635-6012-7

Ⅰ. ①基… Ⅱ. ①崔… Ⅲ. ①程序语言—程序设计—应用—数理统计 Ⅳ. ①O212

中国版本图书馆 CIP 数据核字(2020)第 047466 号

策划编辑:陈岚岚 **责任编辑:**刘春棠 **封面设计:**七星博纳

出版发行:北京邮电大学出版社
社 址:北京市海淀区西土城路 10 号
邮政编码:100876
发 行 部:电话:010-62282185 传真:010-62283578
E-mail:publish@bupt.edu.cn
经 销:各地新华书店
印 刷:
开 本:787 mm×1 092 mm 1/16
印 张:11.75
字 数:292 千字
版 次:2020 年 4 月第 1 版
印 次:2023 年 10 月第 3 次印刷

ISBN 978-7-5635-6012-7 定价:49.00 元

前　言

R 在统计领域的广泛使用可以追溯到 20 世纪 80 年代。事实上,R 是一种用来进行数据探索、统计分析和作图的解释型语言。它是 AT&T 贝尔实验室开发的 S 语言的一个分支,后来新西兰奥克兰大学的 Robert Gentleman 和 Ross Ihaka 及其他志愿人员开发了 R 系统。

R 是一款开源、免费的自由软件,在欧美等发达国家尤其是学术界有着广泛的应用,它有 UNIX、Linux、Mac OS 和 Windows 版本,这些版本都可以免费下载和使用。

RStudio 的开发和使用使得 R 软件的推广和应用如虎添翼,让使用者感到更加方便快捷。

随着 R 软件在各个领域的快速发展与应用,R 软件在传统数理统计中的应用开始为人们所推崇。它在教学中起到不可忽略的作用,它可以帮助学习者理解和掌握数理统计的基础知识、基本概念,还可以激发数理统计学学习者的积极性。

本书在重视初等数理统计基础理论的基础上,试图从多个角度把 R 软件引入数理统计学的各个方面,包括各种统计图形的制作,从可视化的角度认识各种统计分布,通过正态分布、卡方分布、t 分布、F 分布随机数的抽取及密度函数的可视化认识常用的统计量分布。本书所有可能用 R 编程完成的内容都给出了具体的 R 程序代码,在实际的操作中应注意:R 中的字母要区分大小写,标点符号也要注意半角、全角之分,在 R 中全角的标点符号几乎很少用到。

建议读者按照书中步骤,同时安装加载两种 R:R_{X64}、R_{i386},在此基础上安装并使用 RStudio 完成 R 代码的编写。RStudio 有非常良好的界面,对初学者来说使用非常方便,这也为深入学习数理统计知识和掌握 R 软件在数理统计中的应用打下良好的基础。

本书共 6 章,第 1 章 R 语言简介,包括 R 的起源、安装、基本概念、R 包的安装与加载,并通过详细案例了解利用 R 如何进行初步统计分析,强调了 RStudio 的使用、相关的基本运算与注意事项。

第 2 章介绍随机样本与抽样分布基本理论:抽样及其分布,随机样本、统计量、χ^2 分布、t 分布、F 分布的基本概念理论,给出 R 绘制的各种密度函数可视化图形,在本章最后给出了基于 R 抽样分布知识。

第 3 章介绍参数估计的基本内容:点估计、估计评价标准、区间估计等基本概念和基本理论,并结合各种 R 包或自编函数给出具体 R 区间估计的函数或代码。

第 4 章介绍假设检验的基本概念及非参数检验的基本概念和基本理论,同时给出 R 包中的各种检验函数 z. test()、t. test()、var. test()、chisq. test()、binom. test(),并且介绍了这些函数的使用等内容。

第 5 章介绍方差分析的基本概念及基本理论,将特别介绍方差分析中有着重要应用的

aov()函数、单因素方差分析中因子 factor()的使用方法、双因素方差分析中 gl()在因子构造中的作用。

第 6 章介绍一元线性回归分析的基本概念、基本理论、R 中进行回归分析的 lm()函数，以及各种诊断作图。

本书附录中给出了利用 Excel 获取正态分布、χ^2 分布、t 分布、F 分布等各种分布的分位数。所有这些分位数的获取使用 R 都能方便地得到，这些知识在本书的具体内容中都有详细的计算，并且按照书中的提示能够独立计算各种 p 值。

本书的最后给出了每章习题的参考答案，供读者参考。

本书只是抛砖引玉，给出了其中之一的 R 解（我们强调其中之一，是因为解法非常多，不再一一列举）。

由于编者水平有限，书中难免有错误之处，望读者不吝赐教。

本书可作为统计专业、非统计专业高年级以及非统计专业研究生的教材、参考书。

感谢所有对本书有帮助的同仁、同学，本书作者愿做 R 软件的推广者和志愿者，期待与您同行。作者邮箱：sltjjyr@126.com。

崔玉杰
于北京 2019.2

目　　录

第1章　R语言简介 ··· 1

1.1　R的起源与简介 ·· 1

1.1.1　R的起源 ·· 1

1.1.2　R及RStudio的安装步骤 ·· 2

1.1.3　R及RStudio的初步使用 ·· 5

1.2　R的常用重要概念 ·· 8

1.3　R包的安装与加载 ··· 10

1.4　使用R进行基本统计分析 ··· 13

1.5　R产生各种分布的伪随机数及抽样举例 ··· 22

1.6　R绘图的两个重要函数par()和layout() ·· 25

习题1 ··· 29

第2章　随机样本与抽样分布 ··· 31

2.1　引言 ··· 31

2.2　随机样本 ·· 32

2.2.1　总体与样本 ··· 32

2.2.2　统计量 ·· 34

2.3　抽样分布 ·· 35

2.3.1　样本均值的分布 ·· 36

2.3.2　顺序统计量的分布 ·· 37

2.3.3　χ^2分布 ··· 37

2.3.4　t分布 ·· 39

2.3.5　F分布 ·· 40

2.3.6　正态总体中其他几个常用统计量的分布 ·· 42

2.4　基于R的抽样分布知识 ··· 44

2.4.1　正态随机数 ··· 44

2.4.2　t分布随机数 ··· 45

2.4.3　$\chi^2(n)$分布随机数 ·· 47

2.4.4　$F(n_1, n_2)$分布随机数 ·· 49

2.4.5　利用R求各种分布的分位数举例 ·· 51

习题2 ··· 52

第3章 参数估计 •• 54

  3.1 点估计••• 54

    3.1.1 参数估计••• 54

    3.1.2 点估计的方法•• 55

  3.2 估计量的评价标准••• 62

    3.2.1 无偏性••• 62

    3.2.2 有效性••• 63

    3.2.3 一致性••• 64

  3.3 区间估计••• 65

  3.4 正态总体均值与方差的区间估计•••••••••••••••••••••••••••••••••• 68

    3.4.1 单一正态总体均值与方差的区间估计••••••••••••••••••••••• 68

    3.4.2 两个正态总体均值之差与方差之比的区间估计•••••••••••• 72

    3.4.3 大样本情形下总体均值的区间估计••••••••••••••••••••••••• 77

  3.5 单侧置信区间••• 79

  习题 3 •• 81

第4章 假设检验 •• 84

  4.1 假设检验的基本概念••• 84

  4.2 一个正态总体的假设检验••• 85

  4.3 两个正态总体的假设检验••• 91

  4.4 假设检验中的两类错误••• 95

  4.5 非参数检验••• 96

    4.5.1 总体分布的假设检验•• 96

    4.5.2 独立性的检验•• 100

  习题 4 •• 102

第5章 方差分析•• 105

  5.1 单因素试验的方差分析••• 105

    5.1.1 方差分析的基本思想•• 105

    5.1.2 单因素试验的方差分析模型•••••••••••••••••••••••••••••••• 106

    5.1.3 假设检验 ••• 107

  5.2 双因素试验的方差分析••• 110

    5.2.1 双因素等重复试验的方差分析••••••••••••••••••••••••••••• 110

    5.2.2 双因素无重复试验的方差分析••••••••••••••••••••••••••••• 115

  习题 5 •• 117

第6章 一元线性回归分析••• 120

  6.1 一元线性回归模型 ••• 120

6.1.1 变量之间的关系 ……………………………………………… 120

6.1.2 一元线性回归模型 ……………………………………………… 121

6.2 一元线性回归模型的参数估计 …………………………………… 122

6.2.1 最小二乘法 ……………………………………………………… 122

6.2.2 极大似然估计 …………………………………………………… 125

6.2.3 估计的性质 ……………………………………………………… 126

6.3 回归方程的线性显著性检验 ……………………………………… 128

6.4 根据回归方程进行预测和控制 …………………………………… 131

6.4.1 均值 $E(y_0 | x_0)$ 的置信区间 …………………………………… 131

6.4.2 观测值 y_0 的预测区间 ………………………………………… 132

6.4.3 几点说明 ………………………………………………………… 133

6.5 可化为线性回归的非线性回归模型 ……………………………… 135

6.6 多元回归分析简介 ………………………………………………… 140

习题 6 ……………………………………………………………………… 143

参考文献 …………………………………………………………………… 145

附录 ………………………………………………………………………… 146

各章习题参考答案 ………………………………………………………… 158

第1章 R语言简介

1.1 R的起源与简介

1.1.1 R的起源

R是统计领域广泛使用的诞生于1980年左右的S语言的一个分支,而S语言是由AT&T贝尔实验室开发的一种用来进行数据探索、统计分析和作图的解释型语言。R最早由新西兰奥克兰大学的Robert Gentleman和Ross Ihaka于1996年开发。现在R的开发由一个几十人组成的核心团队来负责,核心团队的成员来自世界各地的不同机构和单位。

R属于GNU系统的一个自由、免费、源代码开放的软件,它是一个用于统计计算和统计制图的优秀工具。它有UNIX、Linux、Mac OS和Windows版本,这些版本都是可以免费下载和使用的。在R的安装程序中只包含8个基础模块,如base(R的基础模块)、mle(极大似然估计模块)、ts(时间序列分析模块)、mva(多元统计分析模块)、survival(生存分析模块)等,其他外在模块可以通过CRAN获得。

相比于其他统计分析软件,R还有以下特点。

(1) R是自由软件。标准的安装文件自身就带有许多模块和内嵌统计函数,安装好后可以直接实现许多常用的统计功能。

(2) R是一种可编程的语言。

(3) R的所有函数和数据集是保存在程序包里面的。只有当一个包被载入时,它的内容才可以被访问。一些常用、基本的程序包已经被收入了标准安装文件中,随着新的统计分析方法的出现,标准安装文件中所包含的程序包也随着版本的更新而不断变化。

(4) R具有很强的互动性。除了图形输出是在另外的窗口外,它的输入输出都是在同一个窗口进行的;如果输入语法中出现错误,在窗口中会马上出现提示;对以前输入过的命令有记忆功能,可以随时再现、编辑修改以满足用户的需要。输出的图形可以直接保存为JPG、BMP、PNG等图片格式,还可以直接保存为PDF文件。另外,和其他编程语言和数据库之间有很好的接口。

(5) 可以加入R的帮助邮件列表,每天获取关于R的邮件资讯。可以和全球一流的统计计算方面的专家讨论各种问题,这里可以说是全世界最大、最前沿的统计学家思维的聚集地。

1.1.2　R 及 RStudio 的安装步骤

CRAN 为 Comprehensive R Archive Network(R 综合典藏网)的简称。它除了收藏了 R 的可执行下载版、源代码和说明文件,也收录了用户撰写的各种软件包。现在,全球有超过 100 个 CRAN 镜像站。

R 安装完成后,会创建 R 程序组并在桌面上创建 R 主程序的快捷方式(也可以在安装过程中选择不要创建)。通过快捷方式运行 R,便可调出 R 的主窗口。

类似于许多编程软件,R 的界面简单而朴素,只有不多的几个菜单和快捷按钮。快捷按钮下面的窗口便是命令输入窗口,它也是部分运算结果的输出窗口,有些运算结果则会输出在新建的窗口中。

主窗口上方的一些文字是刚运行 R 时出现的一些说明和指引。文字下的:>符号便是 R 的命令提示符,在其后可输出命令;>后的矩形是光标。R 一般是采用交互方式工作的,在命令提示符后输入命令,回车后便会输出结果。

在 R 朴素的界面下,是丰富而复杂的运算功能。

以下以 R for Windows 的安装为例,介绍 R 的安装过程。R 安装完成后,还要安装 RStudio。实际操作步骤如下。

第一步,打开 R 镜像官网:https://www.r-project.org/,如图 1.1.1 所示。

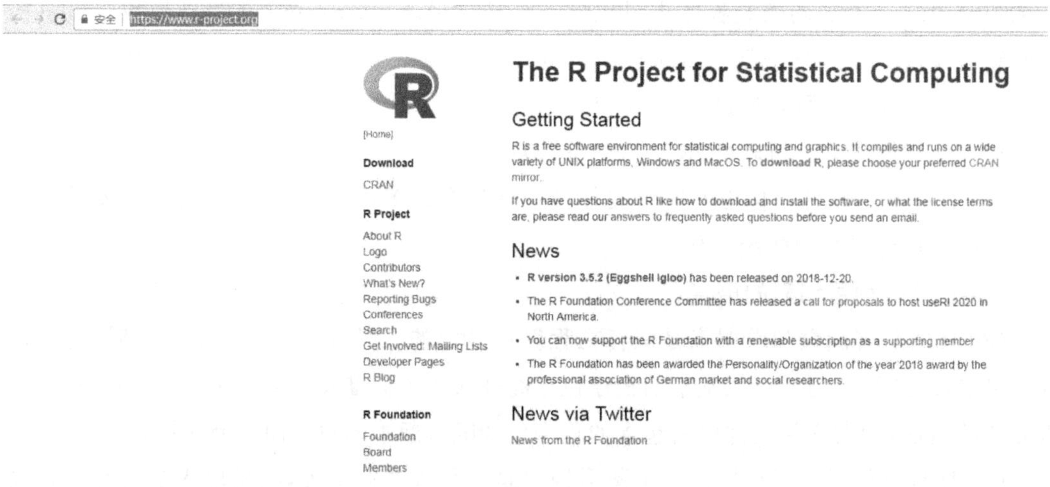

图 1.1.1　R 镜像官网

第二步,单击 CRAN,选择中国区的任意入口,单击,比如:第一个清华入口,如图 1.1.2 所示。

China

https://mirrors.tuna.tsinghua.edu.cn/CRAN/	TUNA Team, Tsinghua University
http://mirrors.tuna.tsinghua.edu.cn/CRAN/	TUNA Team, Tsinghua University
https://mirrors.ustc.edu.cn/CRAN/	University of Science and Technology of China
http://mirrors.ustc.edu.cn/CRAN/	University of Science and Technology of China
https://mirror-hk.koddos.net/CRAN/	KoDDoS in Hong Kong
https://mirrors.eliteu.cn/CRAN/	Elite Education
https://mirror.lzu.edu.cn/CRAN/	Lanzhou University Open Source Society
http://mirror.lzu.edu.cn/CRAN/	Lanzhou University Open Source Society
https://mirrors.tongji.edu.cn/CRAN/	Tongji University
https://mirrors.shu.edu.cn/CRAN/	Shanghai University

图 1.1.2　清华镜像入口网址

第三步，单击 Download R for Windows，下载常用的 R for Windows，如图 1.1.3 所示。

图 1.1.3　下载常用的 R for Windows

第四步，单击 install R for the first time，如图 1.1.4 箭头所指。

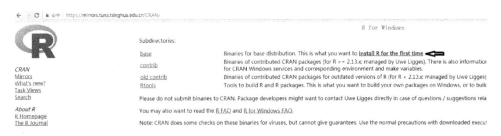

图 1.1.4　单击 install R for Windows

第五步，单击 R 3.5.2 for Windows，如图 1.1.5 所示，按提示完成下面的步骤即可。

图 1.1.5　下载 R 3.5.2 for Windows

　　第六步，R 安装完成，运行后，打开 RStudio 官网：https://www.rstudio.com，如图 1.1.6 所示，下载 RStudio。

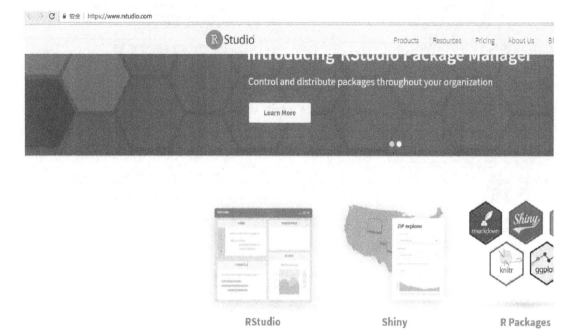

图 1.1.6　RStudio 官网

　　第七步，按图 1.1.7 所示单击。

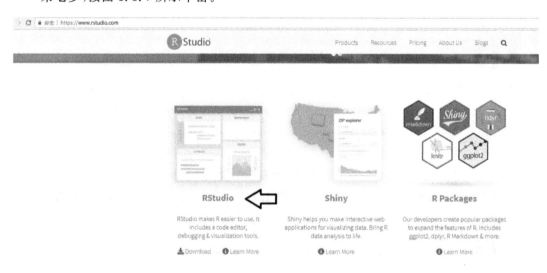

图 1.1.7　选择 RStudio

　　第八步，单击 FREE，如图 1.1.8 所示，下载后按提示安装即可。

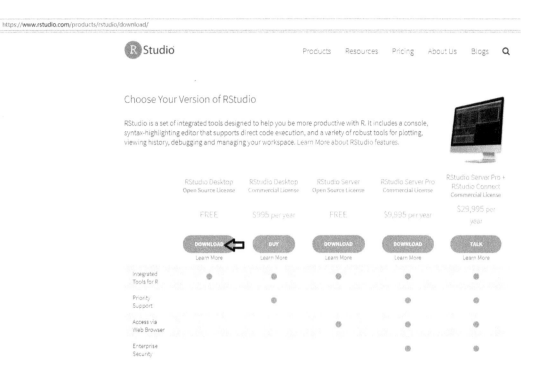

图 1.1.8　RStudio 免费版本下载

至此免费的 RStudio 就可以使用了。注：必须先安装 R 软件 RStudio 才可以使用。

1.1.3　R 及 RStudio 的初步使用

RStudio 操作方便，初学者容易上手，因此本书主要探讨 RSudio 在完成数据分析及可视化上的一些具体使用方法。

RStudio 有非常优良的界面，依次单击 File→New File→R Script 选项（如图 1.1.9 所示）或按 Ctrl＋Shift＋N 组合键即可进入新脚本文件窗口，如图 1.1.10 所示。

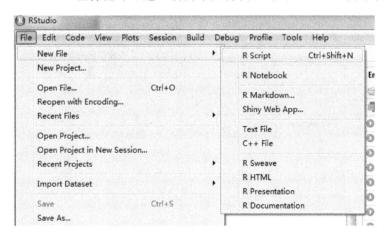

图 1.1.9　打开新脚本文件窗口

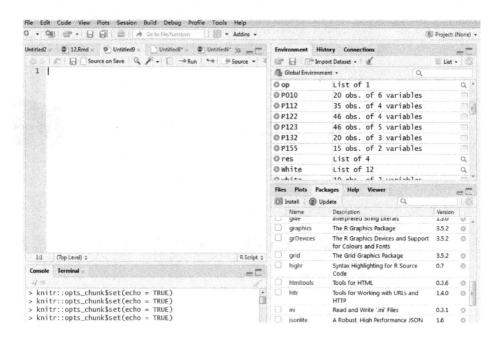

图 1.1.10 RStudio 的四个窗口

　　该界面包括四个窗口。在左上窗口中,编辑 R 代码,编辑完成后,单击运行按钮 Run,即可在左下 Console 窗口看到运行情况及统计分析结果,有时会出现警告提示,有时会报错需要修改代码,如果有图形输出则可在右下窗口通过 Plots 查看,如图 1.1.11 所示。

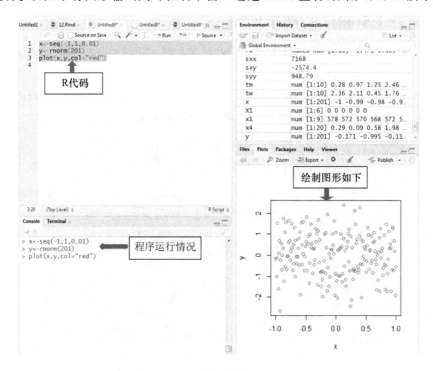

图 1.1.11 数据输入及控制台显示

另外,利用 File 菜单可以载入各种类型的数据,即依次单击 File→Import Dataset→From…,如图 1.1.12 所示。

图 1.1.12　数据载入选择类型

例如:读取"D:/R/p054.sav",必须加载 foreign 包后才可以读取 spss 的.sav 文件,操作如下:

```
library(foreign)
read.spss("D:/R/p054.sav")
```

左下窗口中展示读取的结果,如图 1.1.13 所示。

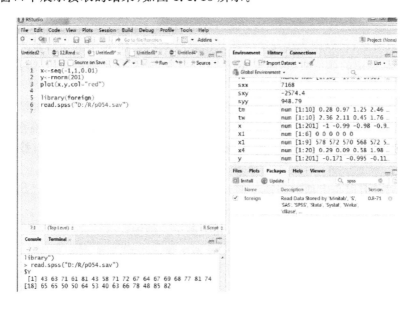

图 1.1.13　载入.sav 数据文件

在右上窗口中也可加载、存储 RData 文件、加载其他格式文件等,单击相应的按钮即可按照提示完成操作。按钮位置如图 1.1.14 所示。

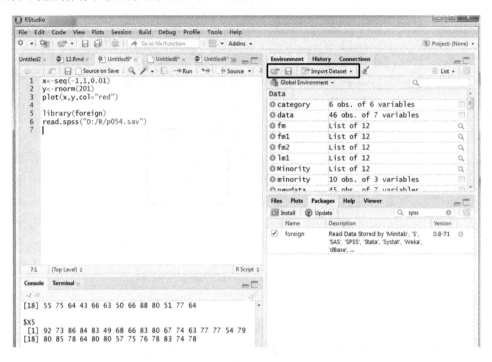

图 1.1.14　加载其他格式文件

接下来就可以学习 R 编程的初步知识了。

1.2　R 的常用重要概念

(1) 变量或对象:可以用大小写字母或其他符号表示。在 R 中大小写是有区别的。这些变量或对象是 R 中的赋值对象,也是 R 的运行对象,R 需要正确的赋值才可以运行。赋值对象可以由单值及其他组合构成。

(2) 赋值符号:由半角状态下的"<"及"-"组合而成,赋值组合"<-"和箭头的形状非常相似,箭头指向谁就是给谁赋值。R 语句中也允许使用"="赋值,但是更推荐前者。

(3) 赋值对象构成元素:可以由常用的数值型、字符型、逻辑型组成,当然还可以分得更细。

(4) 赋值对象可以是上面的一种、一个,也可以是由多种、多个构成的,比如后面要介绍的向量、数组、数据框、矩阵、列表等几个最常用的对象。

为了更好地理解上面几个概念,下面举几个例子。例如:

x<-6　　　　　　　　 #将数值6赋值给对象变量x,"#"后的内容不运行,只是注解

　　　　　　　　　　　 #单击运行按钮后,可以在 Console 框内看到运行情况

x　　　　　　　　　　　 #运行 x 后,在 Console 框内出现结果[1] 6

y<-c(1,2,3,4,5,6)#将 1,2,3,4,5,6 作为列向量赋值给 y

y　　　　　　　　　　　 #运行 y 后,在 Console 框内出现结果[1] 1 2 3 4 5 6

```
y<-1:6                    #连续整数的另一种赋值格式
y                         #运行 y 后,在 Console 框内出现结果[1] 1 2 3 4 5 6
z<-matrix(c(1:6),nrow=2,ncol=3)    #将一个 2 行,3 列的矩阵赋给 z
z                         #z 运行后得
```

$$
\begin{array}{cccc}
 & [,1] & [,2] & [,3] \\
[1,] & 1 & 3 & 5 \\
[2,] & 2 & 4 & 6 \\
\end{array}
$$

当然,也可以将数据框、数组赋值给对象。

赋值完成后就可以对对象进行计算以及绘图了。比如:

```
sum(y)   #对对象 y 的数值求和
```

[1] 21 运行后的结果是 21(所有运行结果都会在左下视窗即控制台中显示,如果有图像会在右下视窗中看到)

```
mean(y)  #对 y 求平均值
```

[1] 3.5

```
var(y)   #对 y 求方差
```

[1] 3.5

再如:

```
x<-1:16
y<-rnorm(16)
plot(x,y,xlab="x",ylab="y",col="red")
```

运行后得到如图 1.2.1 所示图形。

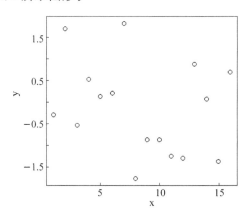

图 1.2.1　散点图

(5) 借助 help()函数可以查看相关内容。例如查询 plot 函数,可以按图 1.2.2 所示操作,得到查询结果。也可以直接通过"?"查询,查询结果相同。还可以直接在右下 Help 框内输入 plot,得到相同的查询结果(如图 1.2.2 所示)。总之,R 的灵活性非常好,当然也可以用不同的包给出的程序完成相同的内容。

(6) R 中包的概念非常重要,所谓"包"就是英语"package"的汉语表达,指含 R 的数据、函数等的集合。

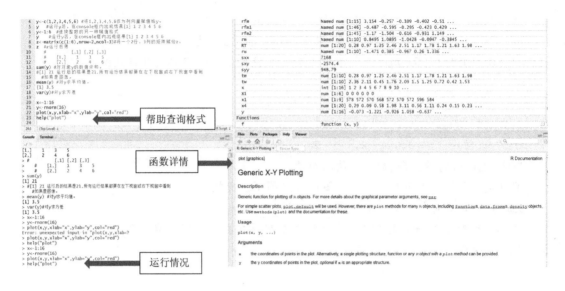

图 1.2.2　帮助查询及运行情况

1.3　R 包的安装与加载

1. R 包介绍

R 语言的使用很大程度上是借助各种各样的 R 包的辅助,从某种程度上讲,R 包就是针对 R 的插件,不同的插件满足不同的需求。截至 2017 年 11 月 26 日,CRAN 已经收录了各类包 11 898 个,而且还在快速增加。

2. 安装包

(1) 通过选择菜单。

单击 Packages,在弹出的对话框中,选择要安装的包勾选即可。

(2) 使用命令安装包。

```
install.packages("package_name","dir")
```

package_name:是指定要安装的包名,请注意大小写。

dir:包安装的路径。默认情况下是安装在..\library 文件夹中的,可以通过本参数来选择安装的文件夹。

(3) 借助右下视窗 install 按钮来安装包。

(4) 本地安装。如果已经下载了相应的包的压缩文件,则可以在本地进行安装。注意:在 Linux、Windows、Mac OS 操作系统下,安装文件的后缀名是不一样的。

① Linux 环境编译运行:tar.gz 文件。

② Windows 环境编译运行:.zip 文件。

③ Mac OS 环境编译运行:.tgz 文件。

3. 加载包

包安装后,如果要使用包,必须先把包加载到内存中(默认情况下,R 启动后会加载基本包),加载包的命令如下：

Library("包名")

Require("包名")

勾选 RStudio 右下视窗在本地系统图书馆(System Library)已经有的包名可以更加方便地加载。

注：安装完包后一定要加载包,否则编程时仍不能使用。安装和加载是两个不同的概念,正如计算机内装有某软件但是你没有启动它仍然不能使用一样,加载"包"后,包内的数据或函数才能顺利调用。

4. 查看包的相关信息

• 查看包帮助信息

library(help = "package_name")

主要内容包括：包名、作者、版本、更新时间、功能描述、开源协议、存储位置、主要的函数等。

help(package = "package_name")

主要内容包括：包的所有内置函数,是更为详细的帮助文档。

• 查看当前环境哪些包已加载

find.package()或者 .path.package()

• 将包移出内存

detach()

• 把其他包的数据加载到内存中

data(dsname, package = "package_name")

• 查看这个包里的数据

data(package = "package_name")

• 列出所有安装的包

library()

目前 R 各种包的数量超过 1 万个,大部分统计分析任务都可以通过 R 实现。一个包中有可能包含多种函数完成多种统计分析,当然同一个问题也可以使用不同的包来完成,所以用户可以有多种选择。

查询包内容有如下方法。

方法一,R 用户可以通过函数 available.packages()查看自己的机器可以安装哪些包,如图 1.1.17 所示。

运行该函数后右下视窗就会显示出该机器上可以安装的各种包,如图 1.3.1 所示。除了 R 默认的包不需要加载外,其他包即使机器上有也需要用户进行加载后才可以使用。

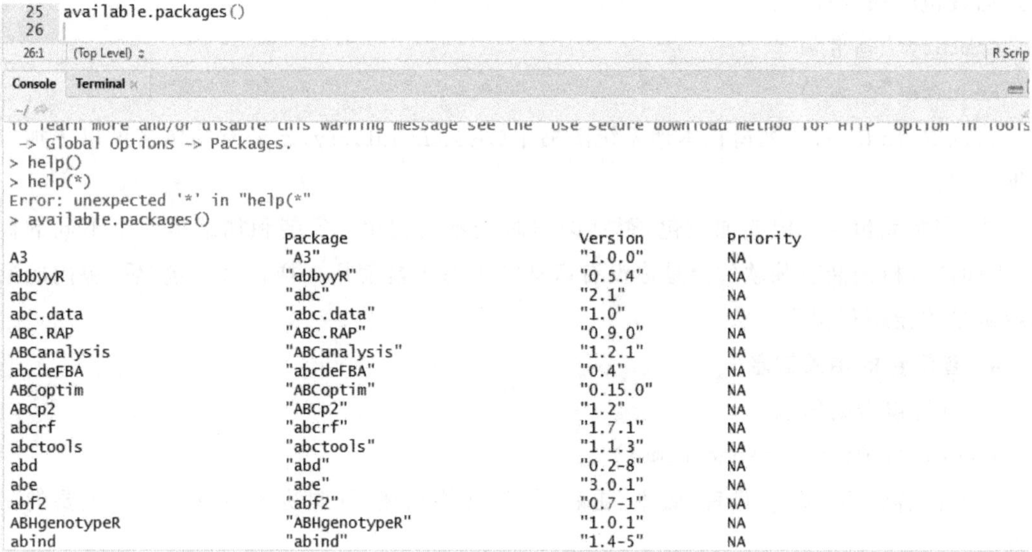

```
 25   available.packages()
 26
```
26:1   (Top Level) ÷   R Scrip

Console   **Terminal** ×

```
To learn more and/or disable this warning message see the "use secure download method for HTTP" option in Tools
-> Global Options -> Packages.
> help()
> help(*)
Error: unexpected '*' in "help(*"
> available.packages()
                           Package              Version          Priority
A3                         "A3"                 "1.0.0"          NA
abbyyR                     "abbyyR"             "0.5.4"          NA
abc                        "abc"                "2.1"            NA
abc.data                   "abc.data"           "1.0"            NA
ABC.RAP                    "ABC.RAP"            "0.9.0"          NA
ABCanalysis                "ABCanalysis"        "1.2.1"          NA
abcdeFBA                   "abcdeFBA"           "0.4"            NA
ABCoptim                   "ABCoptim"           "0.15.0"         NA
ABCp2                      "ABCp2"              "1.2"            NA
abcrf                      "abcrf"              "1.7.1"          NA
abctools                   "abctools"           "1.1.3"          NA
abd                        "abd"                "0.2-8"          NA
abe                        "abe"                "3.0.1"          NA
abf2                       "abf2"               "0.7-1"          NA
ABHgenotypeR               "ABHgenotypeR"       "1.0.1"          NA
abind                      "abind"              "1.4-5"          NA
```

图 1.3.1　通过函数 available.packages()可以查看安装包

　　方法二,利用函数 library()也可以查看自己机器上"图书馆"里包的内容。如 C:/Program Files/R/R-3.5.2/library里有以下程序包:

askpass	Safe Password Entry for R, Git, and SSH
assertthat	Easy Pre and Post Assertions
backports	Reimplementations of Functions Introduced Since R-3.0.0
base	The R Base Package
base64enc	Tools for base64 encoding
bitops	Bitwise Operations
boot	Bootstrap Functions (Originally by Angelo Canty for S)
callr	Call R from R
caTools	Tools: moving window statistics, GIF, Base64, ROC AUC, etc.
class	Functions for Classification
cli	Helpers for Developing Command Line Interfaces
clipr	Read and Write from the System Clipboard
clisymbols	Unicode Symbols at the R Prompt
cluster	"Finding Groups in Data": Cluster Analysis Extended Rousseeuw et al.
codetools	Code Analysis Tools for R
compiler	The R Compiler Package
crayon	Colored Terminal Output
curl	A Modern and Flexible Web Client for R
datasets	The R Datasets Package
desc	Manipulate DESCRIPTION Files

devtools	Tools to Make Developing R Packages
……	……
xlsxjars	Package required POI jars for the xlsx package
xopen	Open System Files, 'URLs', Anything
yaml	Methods to Convert R Data to YAML and Back

做基本统计分析除了 R 自带的默认"包"外，还有以下"包"要用到，可以提前安装好，使用前加载或调用一下即可。

＃agricolae　＃aplpack　＃BSDA　　＃car　　＃corrgram　＃DescTools　＃devtools
＃e1071　　＃fmsb　　＃forecast　＃gmodels＃gplots　　＃HH　　　＃Hmisc
＃lm.beta　＃lsr　　＃pastecs　＃plotrix　＃plyr　　＃psych　　＃reshape
＃scatterplot3d　＃sm　　＃TeachingDemos　＃vcd　　＃viplot

1.4　使用 R 进行基本统计分析

完成以上基本工作后就可以创建 R 的数据集，进行运算和统计分析了。

例1.4.1　我国城市男性儿童身长（cm）、体重（kg）、头围（cm）、胸围（cm）计量表如表1.4.1所示。

表1.4.1　我国城市男性儿童身体量表

年龄	身长	体重	头围	胸围
出生	50.6	3.27	34.3	32.8
1 月	56.5	4.97	38.1	37.9
2 月	59.6	5.95	39.7	40
3 月	62.3	6.73	41	41.3
4 月	64.6	7.32	42	42.3
5 月	65.9	7.7	42.9	42.9
6 月	68.1	8.22	43.9	43.8
8 月	70.6	8.71	44.9	44.7
10 月	72.9	9.14	45.7	45.4
12 月	75.6	9.66	46.3	46.1
18 月	80.7	10.67	47.3	47.6
25 月	90.4	12.84	48.8	50.2
3 岁	93.8	13.63	49.1	50.8

以表1.4.1为例，进行表的录入、存储等基本操作。

＃＃以向量型式录入表中内容

年龄<-c("出生","1月","2月","3月","4月","5月","6月","8月","10月","12月","18月","25月","3岁")　＃赋值号后面的c一定要用小写c，因为第一列是字符型向量，所以每个元素都要用半角双引号包含，元素之间的","，必须是半角状态下的，R的向

13

量不作转置都是列向量,这三点说明以下相同不再赘述

　　身长<-c(50.6,56.5,59.6,62.3,64.6,65.9,68.1,70.6,72.9,75.6,80.7, 90.4,93.8)　♯ 数值向量录入

　　体重<-c(3.27,4.97,5.95,6.73,7.32,7.7,8.22,8.71,9.14,9.66,10.67,12.84, 13.63)

　　头围<-c(34.3,38.1,39.7,41,42,42.9,43.9,44.9,45.7,46.3,47.3,48.8, 49.1)

　　胸围<-c(32.8,37.9,40,41.3,42.3,42.9,43.8,44.7,45.4,46.1,47.6,50.2, 50.8)

　　♯将向量形式绑定成数据框

　　♯ 认识数据框的函数表示符号:data.frame()

　　table1_1<-data.frame(年龄=年龄,身长=身长,体重=体重,头围=头围,胸围=胸围)

　　table1_1 ♯将数据组织成数据框并存放在 table1_1 中,如表 1.4.2 所示

　　♯运行结果:

表 1.4.2　table1_1

	年龄	身长	体重	头围	胸围
1	出生	50.600	3.270	34.300	32.800
2	1 月	56.500	4.970	38.100	37.900
3	2 月	59.600	5.950	39.700	40.000
4	3 月	62.300	6.730	41.000	41.300
5	4 月	64.600	7.320	42.000	42.300
6	5 月	65.900	7.700	42.900	42.900
7	6 月	68.100	8.220	43.900	43.800
8	8 月	70.600	8.710	44.900	44.700
9	10 月	72.900	9.140	45.700	45.400
10	12 月	75.600	9.660	46.300	46.100
11	18 月	80.700	10.670	47.300	47.600
12	25 月	90.400	12.840	48.800	50.200
13	3 岁	93.800	13.630	49.100	50.800

　　save(table 1_1,file = "D:/数理统计/数理统计学基于 R/example/ table 1_1. RData")

　　♯将 R 数据文件存放于 D:/数理统计/数理统计学基于 R/example/ table 1_1.RData

　　♯将向量形式绑定成矩阵形式

　　♯认识矩阵的函数表示符号:matrix()

　　♯认识按列绑定的函数向量符号:cbind()

　　matrix1_1<-matrix(cbind(身长,体重,头围,胸围),ncol = 4)

　　dimnames(matrix1_1)<- list(c("出生","1 月","2 月","3 月","4 月","5 月","6

月","8月","10月","12月","18月","25月","3岁"),c("身长","体重","头围","胸围"))

matrix1_1

#运行结果如表1.4.3所示

表1.4.3　children_m

	身长	体重	头围	胸围
出生	50.600	3.270	34.300	32.800
1月	56.500	4.970	38.100	37.900
2月	59.600	5.950	39.700	40.000
3月	62.300	6.730	41.000	41.300
4月	64.600	7.320	42.000	42.300
5月	65.900	7.700	42.900	42.900
6月	68.100	8.220	43.900	43.800
8月	70.600	8.710	44.900	44.700
10月	72.900	9.140	45.700	45.400
12月	75.600	9.660	46.300	46.100
18月	80.700	10.670	47.300	47.600
25月	90.400	12.840	48.800	50.200
3岁	93.800	13.630	49.100	50.800

save(matrix1_1,file="D:/数理统计/数理统计学基于R/example/matrix1_1.RData")

#将R数据文件存放于D:/数理统计/数理统计学基于R/example/matrix1_1.RData

1. 数据调用

(1)调用已经存放的R格式数据文件

方法一:利用菜单栏中的File菜单命令打开文件夹,即依次单击File→Open File命令,查找并打开所需R数据文件即可,Recent File命令可以打开最近使用的其他格式的文件。

方法二:利用工具栏中的打开文件夹按钮:📂,查找并打开所需文件。

方法三:使用命令load("D:/数理统计/数理统计学基于R/example/matrix1_1.RData"),注意路径要用半角引号包含。

以上三种方法都可以读取到R数据文件matrix1_1。

(2)调用、读取.csv格式数据文件

方法一,先利用setwd()更改工作路径后,直接利用read.csv("文件名")命令。

setwd("D:/R")　#更改工作路径

read.csv("spss1.csv")　#直接读取.csv格式文件,但是直接读取包含中文字符的容易出现报错

方法二,指明工作路径。

read.csv("D:/R/spss1.csv")#默认包含列标题

read.csv("D:/R/spss1.csv",header = FALSE) #不包含列标题(列名)

读取完成后就可以对读取的内容进行各种统计分析了。

（3）调用、读取 SPSS 软件的 .sav 数据文件

library(foreign) #foreign 可以读取由"S""SPSS""Minitab""Stat""Weka"等存储的数据文件

read.spss("D:/R/p054.sav") #调用、读取 p054.sav 文件

X <- read.spss("D:/R/p054.sav") #调用、读取 p054.sav 文件放在 X 中

X #运行 X 可以查看、调用 p054.sav 中的内容,如表 1.4.4 所示的

表 1.4.4 X

	Y	X1	X2	X3	X4	X5	X6
1	43.000	51.000	30.000	39.000	61.000	92.000	45.000
2	63.000	64.000	51.000	54.000	63.000	73.000	47.000
3	71.000	70.000	68.000	69.000	76.000	86.000	48.000
4	61.000	63.000	45.000	47.000	54.000	84.000	35.000
5	81.000	78.000	56.000	66.000	71.000	83.000	47.000
6	43.000	55.000	49.000	44.000	54.000	49.000	34.000
7	58.000	67.000	42.000	56.000	66.000	68.000	35.000
8	71.000	75.000	50.000	55.000	70.000	66.000	41.000
9	72.000	82.000	72.000	67.000	71.000	83.000	31.000
10	67.000	61.000	45.000	47.000	62.000	80.000	41.000
11	64.000	53.000	53.000	58.000	58.000	67.000	34.000
12	67.000	60.000	47.000	39.000	59.000	74.000	41.000
13	69.000	62.000	57.000	42.000	55.000	63.000	25.000
14	68.000	83.000	83.000	45.000	59.000	77.000	35.000
15	77.000	77.000	54.000	72.000	79.000	77.000	46.000
16	81.000	90.000	50.000	72.000	60.000	54.000	36.000
17	74.000	85.000	64.000	69.000	79.000	79.000	63.000
18	65.000	60.000	65.000	75.000	55.000	80.000	60.000
19	65.000	70.000	46.000	57.000	75.000	85.000	46.000
20	50.000	58.000	68.000	54.000	64.000	78.000	52.000
21	50.000	40.000	33.000	34.000	43.000	64.000	33.000
22	64.000	61.000	52.000	62.000	66.000	80.000	41.000
23	53.000	66.000	52.000	50.000	63.000	80.000	37.000
24	40.000	37.000	42.000	58.000	50.000	57.000	49.000
25	63.000	54.000	42.000	48.000	66.000	75.000	33.000
26	66.000	77.000	66.000	63.000	88.000	76.000	72.000
27	78.000	75.000	58.000	74.000	80.000	78.000	49.000

续 表

	Y	X1	X2	X3	X4	X5	X6
28	48.000	57.000	44.000	45.000	51.000	83.000	38.000
29	85.000	85.000	71.000	71.000	77.000	74.000	55.000
30	82.000	82.000	39.000	59.000	64.000	78.000	39.000

（4）调用、读取 Excel 数据文件

建议使用 read.table("clipboard",header＝)剪贴板模式读取、调用 Excel 文件。

X<－read.table("clipboard",header = TRUE)♯如果不需要列标题可以设置成 header = FALSE

X ♯读取 table1_1 并存放在 X 中

以上说明了如何使用 R 调用、读取几种常用的数据格式，还有其他格式的数据调用在此不再赘述。

2. 数据保存

保存数据可以使用 save( )、write.csv( )、工具栏中的按钮 ▣ 以及菜单栏中的 File→Save 命令和 File→Save As 命令指明路径格式即可。

3. 表格转置

如果需要转置，可以利用 t( )函数即可。例如，t(table1_1)结果如表 1.4.5 所示。

表 1.4.5 table1_1 转置

	1	2	3	4	5	6	7	8	9	10	11	12	13
年龄	出生	1月	2月	3月	4月	5月	6月	8月	10月	12月	18月	25月	3岁
身长	50.6	56.5	59.6	62.3	64.6	65.9	68.1	70.6	72.9	75.6	80.7	90.4	93.8
体重	3.27	4.97	5.95	6.73	7.32	7.70	8.22	8.71	9.14	9.66	10.67	12.84	13.63
头围	34.3	38.1	39.7	41.0	42.0	42.9	43.9	44.9	45.7	46.3	47.3	48.8	49.1
胸围	32.8	37.9	40.0	41.3	42.3	42.9	43.8	44.7	45.4	46.1	47.6	50.2	50.8

4. 数据排序

如果要对数据集中的数据按一定要求或某个变量的大小顺序进行排序，可以使用以下方法。

方法一，使用 order( )函数。

d1<－table1_1[order(table1_1 $ 体重,decreasing = TRUE),]♯ decreasing = TRUE 按体重降序排列，升序是默认的

d1 ♯运行 d1 可查看排序结果，如表 1.4.6 所示

表 1.4.6 按体重降序排列

	年龄	身长	体重	头围	胸围
13	3 岁	93.800	13.630	49.100	50.800
12	25 月	90.400	12.840	48.800	50.200
11	18 月	80.700	10.670	47.300	47.600

续 表

	年龄	身长	体重	头围	胸围
10	12 月	75.600	9.660	46.300	46.100
9	10 月	72.900	9.140	45.700	45.400
8	8 月	70.600	8.710	44.900	44.700
7	6 月	68.100	8.220	43.900	43.800
6	5 月	65.900	7.700	42.900	42.900
5	4 月	64.600	7.320	42.000	42.300
4	3 月	62.300	6.730	41.000	41.300
3	2 月	59.600	5.950	39.700	40.000
2	1 月	56.500	4.970	38.100	37.900
1	出生	50.600	3.270	34.300	32.800

方法二,使用 ordered() 函数对某一变量进行排序。

d2 <- ordered(table1_1 $ 体重) ♯ 按体重大小对体重变量进行升序排列,并保存于 d2 中

d2 ♯ 运行后查看结果

d3 <- d2[length(d2):1] ♯ 按体重大小对体重变量进行降序排列,并保存于 d3 中

d3 ♯ 运行后查看结果

方法三,对向量或因子也可以用 sort(x,decreasing=FALSE,…) 进行排序,升序是默认的,如果变为降序,可以修改函数参数 decreasing=TRUE 即可。

d4 <- sort(table1_1 $ 体重)

d4 ♯ 运行后查看结果

[1] 3.27 4.97 5.95 6.73 7.32 7.70 8.22 8.71 9.14 9.66 10.67 12.84 13.63

d5 <- sort(table1_1 $ 体重,decreasing = TRUE)

d5 ♯ 运行后查看结果

[1] 13.63 12.84 10.67 9.66 9.14 8.71 8.22 7.70 7.32 6.73 5.95 4.97 3.27

5. 对变量进行分析

load("D:/数理统计/数理统计学基于 R/example/table1_1.RData") ♯ 加载数据集 table1_1

(1) 求平均体重

mean(table1_1 $ 体重) ♯ 求平均体重

mean(table1_1[,3]) ♯ 求平均体重

mean(table1_1 $ 体重)

[1] 8.37 ♯ 运行结果

mean(table1_1[,3])

[1] 8.37 ♯ 运行结果

（2）求方差

var(table1_1$体重)

var(table1_1[,3])

[1] 8.583417 ♯运行结果相同

（3）求标准差

sd(table1_1$体重)

sd(table1_1[,3])

[1] 2.929747 ♯运行结果相同

6. 矩阵列求和

load("D:/数理统计/数理统计学基于 R/example/matrix1_1.RData") ♯加载数据集
table1_1

colSums((matrix1_1[,2:5]))

身长 体重 头围 胸围

911.60 108.81 564.00 565.80

可将求和结果加到原表中,如下：

rbind(matrix1_1,totals = colSums((matrix1_1[,1:4])))

7. 矩阵行求和

矩阵行求和(如果需要)修改一下函数 rowSums()即可。

8. 矩阵求平均值

利用 mean(matrix1_1)可以求矩阵所有数据的平均值,本例并无实际意义。

9. 矩阵行/列求平均

利用 apply()函数可求行平均或列平均。

apply(matrix1_1,2,mean)：这是求列平均,若求行平均只需把函数改写为 apply
(matrix1_1,1,mean),由于本例求行平均无实际意义,本例不再求它,下同。

apply(matrix1_1,2,mean)

身长 体重 头围 胸围

70.12308 8.37000 43.38462 43.52308

apply(matrix1_1,2,sd) ♯求列标准差

apply(matrix1_1,2,sd)

身长 体重 头围 胸围

12.624919 2.929747 4.336059 4.929698

apply(matrix1_1,2,median) ♯求列中位数

apply(matrix1_1,2,median)

身长 体重 头围 胸围

68.10 8.22 43.90 43.80

综上,apply()函数非常有用,可以对行数据或列数据进行计算。

在实际使用中有时需要对数据框重新编辑,并用编辑后的新数据框覆盖原有数据框,如果不需要覆盖就需要重新命名。

10. 给变量重新命名

比如将 table1_1 中的年龄、身长、体重、头围、胸围分别重新命名为 Ages、Heights、Weights、HeadCircumference、ChestCircumference。代码如下：

```
load("D:/数理统计/数理统计学基于 R/example/table1_1.RData") ♯加载数据集 table1_1
library(reshape) ♯加载包 reshape
rename(table1_1,c(年龄 = "Ages",身长 = "Heights",体重 = "Weights",头围 = "HeadCircumference",胸围 = "ChestCircumference")) ♯运行结果如表 1.4.7 所示,已经将列名进行了修改
```

表 1.4.7 修改列名结果

	Ages	Heights	Weights	HeadCircumference	ChestCircumference
1	出生	50.600	3.270	34.300	32.800
2	1 月	56.500	4.970	38.100	37.900
3	2 月	59.600	5.950	39.700	40.000
4	3 月	62.300	6.730	41.000	41.300
5	4 月	64.600	7.320	42.000	42.300
6	5 月	65.900	7.700	42.900	42.900
7	6 月	68.100	8.220	43.900	43.800
8	8 月	70.600	8.710	44.900	44.700
9	10 月	72.900	9.140	45.700	45.400
10	12 月	75.600	9.660	46.300	46.100
11	18 月	80.700	10.670	47.300	47.600
12	25 月	90.400	12.840	48.800	50.200
13	3 岁	93.800	13.630	49.100	50.800

11. 缺失值处理

在实际的问卷调查中有时会遇到缺失值,R 给出了处理缺失值的两个非常好的函数,一个是判断是否有缺失值的函数 is.na(),另一个是删除缺失值的函数 na.omit()。

下面看一个例子。

```
x <- c(1,2,3,4)
is.na(x)          ♯检查 x 中是否有缺失值
[1] FALSE FALSE FALSE FALSE   ♯显示没有缺失值
x1 <- c(1,2,3,4,NA)
is.na(x1)          ♯检查 x 中是否有缺失值
[1] FALSE FALSE FALSE FALSE   TRUE ♯运行后发现有一个缺失值
na.omit(x1) ♯结果显示如下:
na.omit(x)
[1] 1 2 3 4
attr(,"na.action")
```

［1］5

attr(,"class")

［1］"omit"

na.omit(x1)［1:4］ #查看删除缺失值后的前 4 个值,结果如下:

［1］1 2 3 4

sum(na.omit(x1)) #求和

［1］10

#缺失值判断函数 is.na()和删除缺失值的函数 na.omit()也适用于多变量构成的数据框等

12. 数据转换

在进行数据分析时,有时需要将数据转换为所需要的类型,这时常用转换函数进行转换,比如:as.vector()、as.factor()、as.character、as.data.frame()、as.matrix()。

(1) as.vector()

v<-as.vector(table1_1 $ 体重) #将 table1_1 $ 体重转换为向量

is.vector(v) #检查 v 是否是向量,运行结果如下:

［1］TRUE

(2) as.factor()

f<-as.factor(table1_1 $ 体重) #转换为因子格式

［1］TRUE

(3) as.character()

c<-as.character(table1_1 $ 体重) #转换为字符格式

is.character(c) #检查是否是字符格式,运行结果如下:

［1］TRUE

>c

［1］"3.27" "4.97" "5.95" "6.73" "7.32" "7.7" "8.22" "8.71" "9.14"
"9.66" "10.67" "12.84" "13.63"

(4) as.data.frame()

d<-as.data.frame(table1_1 $ 体重) #转换为数据框格式

is.data.frame(d) #检查是否是数据框

d #运行结果如表 1.4.8 所示

表 1.4.8 table1_1 $ 体重

1	3.27
2	4.97
3	5.95
4	6.73
5	7.32
6	7.70
7	8.22
8	8.71

续 表

9	9.14
10	9.66
11	10.67
12	12.84
13	13.63

（5）as.matrix()

m<-as.matrix(table1_1[,2:5]) ♯将table1_1的后4列转为矩阵,被转的必须是相同格式

is.matrix(m) ♯检查是否已经转换为矩阵

m ♯查看运行结果,如表1.4.9所示

表 1.4.9 转换为矩阵

	身长	体重	头围	胸围
[1,]	50.6	3.27	34.3	32.8
[2,]	56.5	4.97	38.1	37.9
[3,]	59.6	5.95	39.7	40.0
[4,]	62.3	6.73	41.0	41.3
[5,]	64.6	7.32	42.0	42.3
[6,]	65.9	7.70	42.9	42.9
[7,]	68.1	8.22	43.9	43.8
[8,]	70.6	8.71	44.9	44.7
[9,]	72.9	9.14	45.7	45.4
[10,]	75.6	9.66	46.3	46.1
[11,]	80.7	10.67	47.3	47.6
[12,]	90.4	12.84	48.8	50.2
[13,]	93.8	13.63	49.1	50.8

1.5 R产生各种分布的伪随机数及抽样举例

1. 产生各种分布的伪随机数

R可以非常方便地产生我们所需要的各种随机数,当然这是伪随机数,并不是通过物理方法得出的随机数,但这已经可以满足我们做各种模拟试验的需要。

产生正态随机数函数 rnorm(),这时默认均值等于0,标准差等于1,否则要在正态随机数函数中给出具体的均值、标准差。

rnorm(20) ♯产生20个标准正态随机数

[1] -0.13371253 -0.40768358 -1.19903475 -0.91289753 -0.63945166

0.53801199 1.83112445 − 1.14978539 1.20052672 0.13267905 − 0.29458014

− 0.07416987 − 0.38345694 2.23240662 − 0.78951807 − 1.03806942 − 0.64342625

− 0.18987418 2.85510339 0.49675098

round(rnorm(20),4) ♯用 round()函数可以控制小数点位数,本例是控制在 4 位,运行结果如下:

round(rnorm(20),4)

［1］ 1.3333 0.1957 − 0.3022 − 0.4954 − 0.4296 0.6050 0.4736 0.1289
− 0.6592 0.7086 2.3271 0.0672 1.8462 0.0872 0.7059 − 0.4406 1.6133
0.7402 0.3549 − 0.7663

rnorm(20,4,5) ♯可以产生均值为 4,标准差为 5 的正态随机数

rnorm(20,4,5)

［1］ 11.1122988 − 0.7891334 7.6592939 − 7.8109924 3.7543654 6.5712497
8.0195064 7.2071705 2.9814844 10.5542314 12.0897599 7.5314118 − 1.5648206
5.0675744 3.2076175 2.7453660 6.0867061 4.2551781 7.7992922 2.7467823

set.seed(12)   ♯设定种子随机数

round(rnorm(20,4,5),3) ♯控制随机数的小数点位数为 3 位

［1］ − 3.403 11.886 − 0.784 − 0.600 − 5.988 2.639 2.423 0.859 3.468
6.140 0.111 − 2.469 0.102 4.060

［15］ 3.238 0.483 9.944 5.703 6.535 2.533

类似的,runif()、rexp() 、rchisq() 、rt() 、rf() 等随机数函数分别产生均匀分布、指数分布、卡方分布、t 分布、F 分布的随机数。

round(runif(10,0,1),3) ♯产生 10 个 0～1 的小数点位数为 3 位的均匀分布随机数
［1］0.395 0.362 0.421 0.322 0.552 0.971 0.558 0.574 0.641 0.824

round(rexp(10),4) ♯产生 10 个小数点位数为 4 位的均匀分布随机数,默认指数为 1
［1］0.4997 1.0784 0.8701 1.6630 1.5239 0.5041 1.1123 0.5279 0.9483 0.4295

round(rexp(10,0.5),4)♯ 产生 10 个小数点位数为 4 位的均匀分布随机数,指数为0.5,期望值为 2
［1］0.4330 2.4558 1.9126 0.9729 3.2939 1.2623 0.1672 0.1717 0.8737 1.4834

round(rchisq(10,8),4) ♯ 产生 10 个小数点位数为 4 位,自由度为 8 的卡方分布随机数
［1］ 6.2282 5.3175 12.2312 6.3640 5.5866 16.4874 3.6716 17.2528 1.8206
3.1886

round(rt(10,8),4) ♯ 产生 10 个小数点位数为 4 位,自由度为 8 的 t 分布随机数
［1］ 0.4304 1.0776 − 1.2530 0.4228 − 1.1990 1.0972 − 1.8214 1.1043
− 1.6500 0.7568

round(rf(10,8,9),4) ♯ 产生 10 个小数点位数为 4 位,第一自由度为 8,第二自由度为 9 的 F 分布随机数

［1］0.9045 0.5304 3.5403 0.2990 0.4622 2.5372 2.0562 0.4932 2.4795 0.5473

2. 筛选出满足某种条件的数据

我们仍借助 table1_1 中的数据加以说明。

（1）如果想知道几个月后平均来看出生男婴的体重将超过10千克，代码如下：

table1_1＄年龄［table1_1＄体重＞10］ ♯根据表中数据18月、25月、3岁满足条件，［］内是下标

［1］18月 25月 3岁

Levels：10月 12月 18月 1月 25月 2月 3岁 3月 4月 5月 6月 8月 出生

（2）当然也可以借助sample()函数得到同样的结果。

sample(table1_1＄年龄［table1_1＄体重＞10］)

［1］18月 3岁 25月

Levels：10月 12月 18月 1月 25月 2月 3岁 3月 4月 5月 6月 8月 出生

（3）借助sample()函数随机抽取。

sample(table1_1＄年龄，4) ♯随机抽取4个年龄，无放回抽取是默认的

［1］4月 出生 3月 6月

Levels：10月 12月 18月 1月 25月 2月 3岁 3月 4月 5月 6月 8月 出生

sample(table1_1＄年龄，7，replace ＝ TRUE) ♯又放回随机抽取7个年龄

［1］2月 10月 6月 10月 2月 18月 2月

Levels：10月 12月 18月 1月 25月 2月 3岁 3月 4月 5月 6月 8月 出生

注：sample()函数在进行抽样时非常有用，基本格式为：sample(x，n，replace＝FALSE，prob＝NULL)，默认等概率抽取。也可以利用prob向量设置每个元素被抽取到的概率。其中replace＝FALSE即无重复抽样是默认的，如果进行重复抽样可以设置replace＝TRUE，n是抽取样本的大小。

3. 编辑函数

有时R提供的包不能满足需要，就需要自己编写函数，这在R学习与应用中非常重要。基本格式非常简洁：

function(arglist) expr

return(value)

其中，arglist为函数自变量，由一个或多个构成；expr为需要计算或分析的表达式，return(value)返回值。

实际操作中，需要给函数命名，表达式比较复杂时可以和返回值一起放在大括号内。下面以某地50个新生婴儿的体重为例，计算平均体重、中位数、极差、标准差、峰度、偏度。数据如下：

3.219 4.570 1.919 2.320 4.956 3.514 1.882 4.157 3.298 3.549 3.194 3.393 2.239 3.360 4.592 2.962 4.749 2.800 2.404 4.269 2.178 4.124 2.643 3.691 2.874 2.880 3.654 4.933 2.142 3.139 2.853 3.922 1.622 2.593 1.965 2.865 4.629 2.609 2.355 3.398 3.045 3.940 3.808 3.215 3.772 2.630 5.073 4.269 4.148 2.815

x＜－read.table("clipboard") ♯打开weights.xls放在剪贴板上，利用read.table和clipboard加载weights数据文件并存放在x中

x＜－x＄V1 ♯提取表中的数值仍存放在x中

♯编辑函数myfunction

myfunction＜－function(x){

```
    n = length(x)
    mean <- sum(x)/n
    median <- median(x)
    r <- max(x)-min(x)
    s <- sd(x)
    q1 <- quantile(x,0.25)
    q3 <- quantile(x,0.75)
    summa <- data.frame(c(mean,median,r,s,q1,q3),row.names = c("平均
数","中位
数","极差","标准差","25%四分位数","75%四分位数"))
    names(summa) <- "值"
    return(summa)
    }
myfunction(x)   #运行结果如下：
              值
平均数      3.2954000
中位数      3.2045000
极差        3.4510000
标准差      0.8988483
25%四分位数 2.6332500
75%四分位数 3.9355000
```

1.6 R绘图的两个重要函数 par()和 layout()

函数 par()、layout()是进行图形布局和控制的重要函数。

1. par()函数

在画图前,首先要通过 par()函数参数设计图形的布局,可以运用具体的标签值或标签
向量来完成。常用的 par()函数的参数功能及默认值如表 1.6.1 所示,线的类型和宽度如
图 1.6.1 所示,pch 从 1 到 25 的取值对应的不同绘图符号如图 1.6.2 所示。

表 1.6.1 常用的 par()函数的参数功能及默认值表

参　　数	功　　　能	默认值
adj	adj 的值确定文本字符串在 text、mtext 和 title 中的对齐方式。值为 0 会生成左对齐文本,值为 0.5(默认)会生成居中文本,值为 1 会生成右对齐文本(允许[0,1]中的任何值,并且在大多数设备上,该间隔之外的值也将起作用)	0.5
ann	如果设置为 FALSE,则调用 plot.default 的高级绘图函数不会使用轴标题和整体标题注释它们生成的图。默认是进行注释	TRUE
cex	一个数值,给出绘制文本和符号的数量相对于默认值应放大的数量。这在设备打开时从 1 开始,并在布局改变时重置。cex=0.5,表示绘图文字和符号是正常文字大小的一半	1
cex.lab	控制坐标轴标签的缩放率	1

参数	功能	默认值
cex. main	控制主题文字的缩放率	1.2
font. lab	控制坐标轴标签字体的缩放率	1
font. main	控制主题字体的缩放率	2
lty	设置线条的类型	solid 或 1
lwd	设置线条的宽度	1
mai	设置图形边距的大小,单位是英寸,参数是数值向量 c(底部,左侧,上方,右侧)	c(1.02,0.82, 0.82,0.42)
mfcol	在一个绘图区域绘制多个图形的设置数值向量 c(行数,列数),按列填充,比如 c(2,3) 绘图区域有两行三列的图形,按列依次填充	c(1,1)
mfrow	与 mfcol 功能相同,只是按行依次填充	c(1,1)
pch	设置绘图点或符号的类型	1
xaxt	设置绘制 x 轴的类型,取值"n"表示不绘制 x 轴	s
yaxt	设置绘制 y 轴的类型,取值"n"表示不绘制 y 轴	s

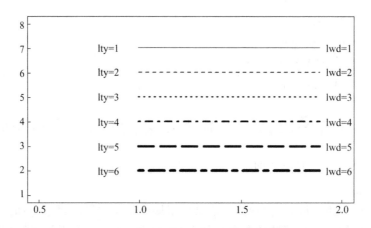

图 1.6.1　线的类型与宽度举例

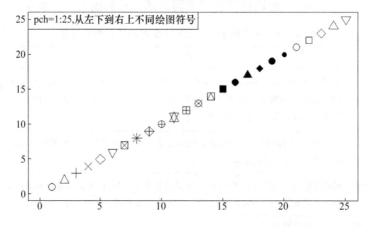

图 1.6.2　pch 从 1 到 25 的取值对应的不同绘图符号

2. layout( )函数

对于等分绘图区域来说,par()函数能够完成相应的任务,如果对绘图区域分配不同面积的部分,每部分分别画图就需要用到 layout()函数。

函数基本格式如下:

```
layout(mat, widths = rep.int(1, ncol(mat)),
        heights = rep.int(1, nrow(mat)), respect = FALSE)
```

不同于 par()函数等分绘图区域,layout()函数可以分配面积不同的区域,主要通过区域控制变量 mat 来实现。

mat 是矩阵对象,包含矩阵中排列的元素(这些元素都是非负整数)以及行数、列数。

- heights:一个数值向量,规定最终各行的高度比,配合 mat 对象实现图形区域的设置。
- widths:一个数值向量,规定最终各列的宽度比,配合 mat 对象实现图形区域的设置。
- respect:配合其他参数加以设置,说明是分别独立完成的。
- layou.show():查看设置区域安排。

我们通过下面的例子看看如何实现控制区域面积的选取。

```
layout(mat = matrix(c(1,2,3,3),2,2),widths = c(2,1))
sz <- layout(mat = matrix(c(1,2,3,3),2,2),widths = c(2,1)) #设置两行两列区
```
域第二列是一个图的控制情况并存放于 sz

```
layout.show(sz) #显示区域设置情况
par(mai = c(0.8,0.8,0.1,0.1)) #设置区域边界
x <- rnorm(3000) #形成 3 000 个标准正态随机变量随机数,并存放于 x 中
y <- rt(3000,10) #形成 3 000 个自由度为 t 的随机变量并存放于 y 中
hist(x,freq = FALSE,col = "lightblue",xlab = "x",ylab = "Density",ylim = c(0,
```
0.4),main = "") #画直方图

```
lines(density(x),col = "red",lty = 2,lwd = 2) #增加密度曲线
hist(y,prob = TRUE,col = "lightblue",xlab = "x",ylab = "Density",ylim = c(0,
```
0.4),main = "")#画直方图

```
lines(density(x),col = "red",lty = 2,lwd = 2) #增加密度曲线
boxplot(x,col = "red",lwd = 1)#画箱线图,如图 1.6.3 所示
sz1 <- layout(mat = matrix(c(1,2,3,3),2,2,byrow = TRUE),heights = c(2,1))
```
#设置两行两列区域第二行是一个图的控制情况并存放于 sz1

```
layout.show(sz1) #显示区域设置情况
par(mai = c(0.8,0.8,0.1,0.1)) #设置区域边界
x <- rnorm(3000) #形成 3 000 个标准正态随机变量随机数,并存放于 x 中
y <- rt(3000,10) #形成 3 000 个自由度为 t 的随机变量并存放于 y 中
hist(x,freq = FALSE,col = "lightblue",xlab = "x",ylab = "Density",ylim = c(0,
```
0.4),main = "") #画直方图

```
lines(density(x),col = "red",lty = 2,lwd = 2) #增加密度曲线
```

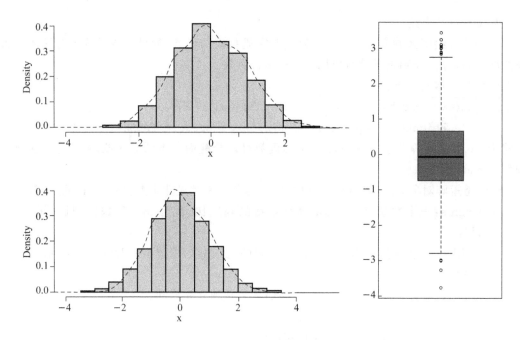

图 1.6.3 绘制竖箱线图

plot(x,y,xlab = "x",ylab = "y")

boxplot(x,col = "red",lwd = 1,horizontal = TRUE)#画箱线图,如图 1.6.4 所示

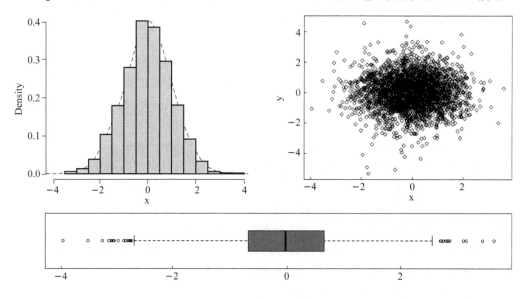

图 1.6.4 绘制横箱线图

习题1

1.1 习题1.1表是我国城市出生女婴身体量表(其中,身长、头围和胸围的单位为cm,体重的单位为kg)。

习题1.1表 女婴身体量表

年龄	身长	体重	头围	胸围
出生	50	3.17	33.7	32.6
1月	55.5	4.64	37.3	36.9
2月	58.4	5.49	38.7	38.9
3月	60.9	6.23	40	40.3
4月	62.9	6.69	41	41.1
5月	64.5	7.19	41.9	41.9
6月	66.7	7.62	42.8	42.7
8月	69.1	8.14	43.7	43.4
10月	71.4	8.57	44.5	44.2
12月	74.1	9.04	45.2	45
18月	79.4	10.08	46.2	46.6
25月	89.3	12.28	47.7	49
3岁	92.8	13.1	48.1	49.8

(1) 在R中录入该表数据并保存为R格式的数据框文件。

(2) 试将该数据框文件转化为矩阵格式。

1.2 习题1.2表是2017年我国31个地区的生产总值数据。

习题1.2表 地区生产总值(单位:亿元)

地区	地区生产总值
北京市	28 014.94
天津市	18 549.19
河北省	34 016.32
山西省	15 528.42
内蒙古自治区	16 096.21
辽宁省	23 409.24
吉林省	14 944.53
黑龙江省	15 902.68
上海市	30 632.99
江苏省	85 869.76
浙江省	51 768.26

续 表

地区	地区生产总值
安徽省	27 018
福建省	32 182.09
江西省	20 006.31
山东省	72 634.15
河南省	44 552.83
湖北省	35 478.09
湖南省	33 902.96
广东省	89 705.23
广西壮族自治区	18 523.26
海南省	4 462.54
重庆市	19 424.73
四川省	36 980.22
贵州省	13 540.83
云南省	16 376.34
西藏自治区	1 310.92
陕西省	21 898.81
甘肃省	7 459.9
青海省	2 624.83
宁夏回族自治区	3 443.56
新疆维吾尔自治区	10 881.96

（1）按地区生产总值进行升序和降序排序。

（2）将地区生产总值重新命名为 GDP，并保存为 R 格式数据。

（3）分别采取有放回抽样和无放回抽样格式随机抽取 4 个地区作为样本。

（4）分别筛选地区生产总值小于 2.5 万亿元和大于 5.5 万亿元的地区。

1.3　用 R 生成 30 个自由度为 10 的 t 分布随机数（小数点后保留 3 位有效数字），分别按行和列排列数据，并分别按 6×5 或 5×6 的矩阵格式进行保存。

第2章　随机样本与抽样分布

2.1　引　言

统计学(Statistics)是一门关于数据资料的收集、整理、分析和推断的科学。数理统计(Mathematical Statistics)作为一类有效的、区别于一般资料统计的、全新的统计方法,随着概率论的理论和思想向各个基础学科、工程技术学科以及社会学科不断渗透,已逐渐发展成为一个具有广泛应用的数学分支。它以概率论作为理论基础,又为概率论的应用提供了广阔的天地。两者相互推动,迅速发展,已建立起完整的理论构架,并获得了大量丰富而重要的结果。

那么,究竟什么是数理统计? 或者说,它在研究随机现象的方法以及考察问题的角度上与概率论有哪些主要区别呢?

在熟悉了各类事件概率的计算以及各种分布或数字特征的性质后,会发现概率论研究问题的方式,几乎总是从"一般"到"个别",或者说,总是假定已经知道了研究对象的整个情况,然后求出某些具体情况下的结果,以获得对随机现象中某些数量规律的认识。例如:在产品质量检验中,假定整批产品中的不合格品数是已知的,求随机抽取的 100 件产品中不合格品数为 5 的概率;在保险公司的索赔案例中,假定全部索赔中被盗索赔占 15%,求 10 个索赔要求其中有 3 个被盗索赔的概率;在癌症诊断中,假定每 10 000 人中癌症患者的人数是 4,求试验反应是阳性的人确实患有癌症的概率;另外,在我们遇到的问题中也常常要求具备如下的一些先决条件:诸如假定某地区城镇居民的年收入服从 $N(5\,000,40^2)$;假定某元器件寿命服从参数为 0.5 的指数分布;假定某一时间间隔内电话交换台收到的呼叫次数服从参数为 4 的泊松分布等。总之,在这些问题的讨论中,一直假定随机试验总体的整个情况是已知的,或者说随机变量所服从的分布甚至包括分布的具体参数是确切知道的。在这样一个基本假定之下,概率论研究了随机试验出现各种结果的可能性以及随机变量取值的规律性。

然而,在实际问题中,上述这些基本假定往往是不能成立或是无法事先预知的。事实上,一个随机试验的总体情况,或者说一个随机变量所服从的分布不但不是已知的,相反正是人们所希望了解的,是研究的目的。在很多情况下,人们一般只能通过试验取得研究对象的一部分信息,然后利用这一部分信息来推断研究对象的总体信息,从而获得有关研究对象总体的一些规律性的认识。这就是统计推断的一般过程,也正是数理统计研究问题的常用方法。

因此,概率论与数理统计虽然都是研究随机现象规律性的数学分支,但它们所要解决和处理的问题是完全不同的,在考察问题的过程和角度上甚至是截然相反的。具体地说,概率论是从数量侧面考察随机现象,注重随机现象中有关数量规律的研究,置身于公理化体系之中,从而"演绎"出一个个"精确"的具体结果;而数理统计则是依据部分试验或观察得到的数据,以概率论为理论基础,试图尽可能合理、准确地"归纳"出随机现象中所包含的种种规律性。所有这些有关"归纳"方法的研究结果,在加以整理并形成一定的数学模型之后,便构成了数理统计的主要内容。

当然,严格地说,数理统计研究的内容通常应该分为两大类。一类是试验的设计与分析,即研究如何更合理、更有效地获得观察资料的方法;另一类则是统计推断(Statistical Inference),即研究如何利用一定的数据资料对所关心的问题作出尽可能精确、可靠的结论。但限于篇幅,本书中将主要讨论统计推断问题。

统计推断,就是"从部分推断整体",它是在对有关信息缺乏完全掌握的情况下进行的,因而所得结论便不能保证一定准确无误。尽管一个好的统计推断方法可以让结论出错的可能性非常小并使误差得到最有效的控制,然而从根本上避免还是不可能的。此源于人类认识上的局限性,反映了人类对于偶然性的作用无力完全掌握的事实。这是一个无法逾越的缺憾,但同时也是一个能使我们容忍推断结论"不精确"的理由。既然"从部分推断整体"是人类最终认识未知世界的必由之路,那么从某种意义上说,"不精确"的便不是统计推断这个方法本身,而是我们所面对的世界过于纷繁复杂。

可以这样说,数理统计,作为人类探索未知世界的一种有效的思想方法,提供了在不定性占优势的情况下进行判断的工具,也提供了从大量现象中发现某些事物发展规律的途径,更体现了人类在自身局限的约束下认识自然的一种努力。同时,它也揭示了一种原本最为朴素的辩证观,即一种事物从总的方面所呈现出的规律性,不应该因为存在一些例外的个案而遭到一味抹杀。

统计学是 20 世纪给人类生活带来巨大影响的 20 项新科技之一,是工农业生产、科学技术深层次、高层次管理的重要工具,而其应用一般不需要增加投资、添置设备就能带来显著的经济效益。

2.2　随机样本

2.2.1　总体与样本

在数理统计中,直观地可将研究对象的全体称为总体(Population),而把组成总体的每个元素称为个体。通过对一部分个体信息的观察来估计、推断总体的某些信息,正是数理统计所要研究的课题。在这里,我们关于对象的研究不是泛泛的,而是常常要具体到研究对象的一项或几项数量指标值,比如灯泡的寿命、人的身高和体重、股票的当日收盘价格等。在这个意义上,研究对象的全体实际上体现为研究对象的某项数量指标值的全体。又由于这些数值可能有重复,如灯泡的寿命,可能有许多灯泡的寿命是 5 000 小时,而只有一只的寿命是 10 000 小时,这就是说,这些数量指标的每个值所占的比重不一样,即每个数值在这些数据中出现的概率不一样。这样总体就对应了一个具有一定概率分布的随机变量。因此在数理统计问题的研究中,所谓总体就是相应其取值分布的随机变量,如图 2.2.1 所示。

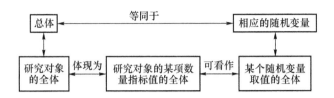

图 2.2.1　总体与相应随机变量对应图

由于总体的取值在客观上具有一定的分布,因此相应随机变量的分布和数字特征就是总体的分布和数字特征,而关于总体的研究实际上就是对相应随机变量 X 的分布的研究。所以,有时在讨论中总体、随机变量、分布这三者不加区分。

那么,为什么不能对每一个个体进行试验或观察,从而"精确"掌握研究对象的整体情况,而只能按照所谓数理统计的方式通过部分来推断整体呢?归纳起来有如下几个方面的原因。

(1) 检验全部对象有时是不可能的。如对某些产品的质量检验是破坏性的,像灯泡的寿命检验、钢丝拉力强度的检验、电视机显像管无故障工作时间的检验等都是如此。如果我们对所有产品进行这种破坏性检验,就没有产品可供销售了。再如,研究某区域海水中微生物的繁殖情况,我们无法将全部海水装进试管里进行检验;在石油勘探中,人们只能选取有限个点进行试钻,绝不可能将所有可能储油的区域钻得遍地窟窿,等等。

(2) 对全部对象进行检验需要的成本很高,或所需的时间很长,或两者兼而有之。例如,人口普查:自新中国成立以来,我国共进行了 6 次全国性的人口普查,进行一次普查需要花费大量的人力物力,而取得的全部数据也需要相当长的时间甚至几年才能处理完毕,因此我们不可能每年都进行人口普查,对大多数年份只能进行抽样调查。城镇居民收入与消费结构调查:由于所涉及的内容更加广泛,对全体城镇居民进行这类调查的费用和工作量可能比人口普查还要大几十倍,但我们从各种媒体中却常常可以看到此类年度、季度甚至是月度数据,可见这些数据只能来自抽样调查,等等。

(3) 虽然通过部分信息来推断整体的情况必定会带来误差,但在许多情况下,这种误差是可以容忍的。因为并不是所有问题都需要一个精确的估量,也不是所有问题都能够得到一个非常精确的估量(即使对所有对象进行调查),何况任何统计数据都需要一个明确的计量单位,在不同的计量单位下,"精确"与"不精确"本身就是可以转换的。例如,在全国性人口普查中,我们不可能也没有必要将统计数据精确到"个",通常精确到"万""十万"甚至"百万"即可;在消费者意愿调查中,我们知道每个个人的"意愿"都是可以改变的,即使我们对全体消费者进行了调查,但是"精确"的调查却得到"不精确"的结果,无疑是得不偿失的。

因此,一般说来,对于相当多的实际问题,我们总是从总体中抽取一部分个体进行观察,然后依据所得数据来推断总体的性质。这样被抽出的部分个体称为来自总体的一个样本(Sample),就是说,在相同的条件下对总体 X 进行了 n 次独立重复的观察(即进行了 n 次独立重复的试验),并记录到 n 个观察结果,通常总是按照试验的次序把这个样本记为:X_1,X_2,$\cdots$,X_n(它们是 n 个随机变量)。这 n 次观察一经完成,我们便得到一组具体的实数:x_1,x_2,$\cdots$,x_n,它们依次是 X_1,X_2,$\cdots$,X_n 的观察值,称为样本值(Sample Value)。统计推断就是根据这些数据来判断总体的。

抽取样本的目的是为了对总体的分布规律进行各种分析和推断,因而要求抽取的样本

要能够很好地反映总体的特性和变化规律,这就必须对随机抽样的方法提出一定的要求。通常提出以下两点:

(1) 代表性:即要求样本的每个分量 X_i 与所考察的总体具有相同的分布 $F(x)$;

(2) 独立性:即要求 $X_1,X_2,\cdots,X_n$ 为相互独立的随机变量,也就是说,每个观察结果既不影响其他结果,也不受其他观察结果的影响。

满足以上两点性质的样本 $X_1,X_2,\cdots,X_n$ 称为简单随机样本(Simple Random Sample),获得简单随机样本的方法或过程称为简单随机抽样(Simple Random Sampling)。在本书中,我们所讨论的样本都是指简单随机样本。

定义 2.2.1 设 X 的分布函数为 $F(x)$,若 $X_1,X_2,\cdots,X_n$ 是具有同一分布函数 $F(x)$ 的、相互独立的随机变量,则称 $X_1,X_2,\cdots,X_n$ 为从分布函数 $F(X)$(或总体 X)得到的容量为 n 的简单随机样本,简称样本,它的观察值 $x_1,x_2,\cdots,x_n$ 称为样本值,又称为 X 的 n 个独立的观察值。

于是,$X_1,X_2,\cdots,X_n$ 的联合分布函数为

$$F^*(x_1,x_2,\cdots,x_n) = \prod_{i=1}^{n} F(x_i)$$

在连续型情形下,$X_1,X_2,\cdots,X_n$ 的联合概率密度函数为

$$f^*(x_1,x_2,\cdots,x_n) = \prod_{i=1}^{n} f(x_i)$$

2.2.2 统计量

样本是总体的代表和反映,是进行统计推断的基本依据。但是,对于不同的总体,甚至对于同一个总体,我们所关心的问题往往是不一样的。有时可能只需要估计出总体的均值,而有时则可能希望了解总体的分布情况。因此在实际应用中我们并不是直接利用样本进行推断,而是首先对样本进行必要的"加工"和"提炼",把样本中所包含的我们关心的信息集中起来。就是说,我们需要针对不同的问题对样本进行不同的处理,这种处理就是构造出样本的某种函数,然后利用这些样本的函数来进行统计推断。

定义 2.2.2 设 $X_1,X_2,\cdots,X_n$ 是来自总体 X 的一个样本,$g(X_1,X_2,\cdots,X_n)$ 是样本的函数,且 $g(X_1,X_2,\cdots,X_n)$ 中不含有任何未知参数,则称 $g(X_1,X_2,\cdots,X_n)$ 是一个统计量(Statistic)。若 $x_1,x_2,\cdots,x_n$ 是对应于 $X_1,X_2,\cdots,X_n$ 的样本值,则称 $g(x_1,x_2,\cdots,x_n)$ 是 $g(X_1,X_2,\cdots,X_n)$ 的观察值。

以下介绍几个常见的统计量。

设 $X_1,X_2,\cdots,X_n$ 是来自总体 X 的一个样本,定义以下统计量。

1. 样本均值(Sample Average)

$$\overline{X} = \frac{1}{n} \sum_{i=1}^{n} X_i$$

2. 样本方差(Sample Variance)

$$S^2 = \frac{1}{n-1} \sum_{i=1}^{n} (X_i - \overline{X})^2 = \frac{1}{n-1} \Big[\sum_{i=1}^{n} X_i^2 - n\overline{X}^2 \Big]$$

3. 样本 k 阶原点矩(Sample Moment)

$$A_k = \frac{1}{n}\sum_{i=1}^{n} X_i^k, \quad k=1,2,\cdots$$

4. 样本 k 阶中心矩(Sample Central Moments)

$$B_k = \frac{1}{n}\sum_{i=1}^{n}(X_i - \overline{X})^k, \quad k=1,2,\cdots$$

5. 顺序统计量(Order Statistic)与样本分布函数(Sample Distribution Function)

记$(x_1,x_2,\cdots,x_n)$是上述样本的一组观察值,将其各个分量 x_i 按照大小递增的次序排列,得到 $x_{(1)}\leqslant x_{(2)}\leqslant\cdots\leqslant x_{(n)}$。当$(X_1,X_2,\cdots,X_n)$取值$(x_1,x_2,\cdots,x_n)$时,定义 $X_{(k)}$ 取值 $x_{(k)}$,由此得到的$(X_{(1)},X_{(2)},\cdots,X_{(n)})$或它们的函数都称为顺序统计量。

显然,$X_{(1)}\leqslant X_{(2)}\leqslant\cdots\leqslant X_{(n)}$,$X_{(1)}=\min(X_1,X_2,\cdots,X_n)$,$X_{(k)}=\max\limits_{(i_1,\cdots,i_{n-k+1})}(\min(X_{i_1},\cdots,X_{i_{n-k+1}}))$,$X_{(n)}=\max(X_1,X_2,\cdots,X_n)$,且$(X_1,X_2,\cdots,X_n)$依赖于$(x_1,x_2,\cdots,x_n)$的取值而取值。较常用的顺序统计量有以下几个。

(1) 样本中位数(Sample Median):

$$M_e = \begin{cases} X_{\left(\frac{n+1}{2}\right)}, & n\ \text{为奇数} \\ \frac{1}{2}\left[X_{\left(\frac{n}{2}\right)} + X_{\left(\frac{n+1}{2}\right)}\right], & n\ \text{为偶数} \end{cases}$$

(2) 样本极差(Sample Range):

$$R = X_{(n)} - X_{(1)}$$

记

$$F_n^*(x) = \begin{cases} 0, & x < x_{(1)} \\ \dfrac{k}{n}, & x_{(k)}\leqslant x < x_{(k+1)},\ k=1,2,\cdots,n-1 \\ 1, & x\geqslant x_{(n)} \end{cases} \tag{2.2.1}$$

显然,$0\leqslant F_n^*(x)\leqslant 1$,它作为 x 的函数具有一个分布函数所要求的性质,故称为总体 X 的样本分布函数或经验分布函数。$F_n^*(x)$是样本的函数,它是一个随机变量。$F_n^*(x)$的值表示在 n 次重复独立试验(n 次抽样)中事件$\{X\leqslant x\}$发生的频率。因此,$nF_n^*(x)\sim B(n,p)$,其中$p=P\{X\leqslant x\}$。

进一步的研究可以证明:若总体 X 的分布是 $F(x)$,则下式成立:

$$P\{\lim_{n\to\infty}(\sup_{-\infty<x<+\infty}|F_n^*(x)-F(x)|=0)\}=1 \tag{2.2.2}$$

即 $F_n^*(x)$依概率 1 一致收敛到 $F(x)$。

这就是著名的格里汶科(Галвенко)定理,是数理统计中一个非常深刻的结果。它告诉我们:当样本容量 n 逐渐增大趋于无穷时,经验分布函数逐渐趋向于总体分布函数,从而提供了一个寻求总体分布函数的实用而又具有精确保障的方法。随着计算机的迅速发展,该定理开辟了统计模拟的广阔天地。

2.3 抽 样 分 布

统计量是样本的函数,它是一个随机变量,其分布称为抽样分布(Sampling Distribution)。

既然我们总是利用统计量对总体进行推断,因而统计量的分布,特别是一些常用统计量的分布我们应该有所了解。

在实际问题中,由于客观条件或研究目的的不同,在一些情况下我们只可能获得较少的数据,即样本容量 n 不可能很大,这类问题称为小样本问题;而在另外一些情况下,试验是可以大量重复进行的,从而我们可以取得容量很大(n 很大)的样本,这类问题称为大样本问题。我们知道,对于大样本问题,正态分布常可以作为很好的近似,而对小样本问题却未必能够这样做。因此这是数理统计中两类性质很不相同的问题。一般来说,寻求统计量的精确分布主要是针对小样本问题而言的,但遗憾的是在本书中无法展现这些分布的具体推导过程,而只能给出一些相应的条件和结论。对于并非从事数理统计理论研究的人来说,想来这并不会对他的学习和应用形成实质性的障碍。

以下介绍几个常用统计量的分布,它们主要是来自正态总体。

2.3.1 样本均值的分布

定理 2.3.1 设 $X_1, X_2, \cdots, X_n$ 是来自总体 $N(\mu, \sigma^2)$ 的样本,$\overline{X}$ 是样本均值,则有

$$\overline{X} \sim N\left(\mu, \frac{\sigma^2}{n}\right) \tag{2.3.1}$$

证 由于 $X_i \sim N(\mu, \sigma^2)$, $i = 1, 2, \cdots, n$,且 $\overline{X}$ 是 X_i 的线性组合,$\overline{X}$ 服从正态分布,即

$$\overline{X} \sim N(E(\overline{X}), D(\overline{X}))$$

又因为

$$E(\overline{X}) = E\left(\frac{1}{n}\sum_{i=1}^{n} X_i\right) = \frac{1}{n}\sum_{i=1}^{n} E(X_i) = \mu$$

$$D(\overline{X}) = D\left(\frac{1}{n}\sum_{i=1}^{n} X_i\right) = \frac{1}{n^2}\sum_{i=1}^{n} D(X_i) = \frac{\sigma^2}{n}$$

所以

$$\overline{X} \sim N\left(\mu, \frac{\sigma^2}{n}\right)$$

在大样本场合下,我们也可以将这一结果应用在非正态总体的场合。

设 $X_1, X_2, \cdots, X_n$ 是来自任意总体 X 的简单随机样本,$E(X) = \mu$, $D(X) = \sigma^2$,记 $\zeta_n = \sum_{k=1}^{n} X_k$,则根据 Lindeberg-Levy 中心极限定理有

$$\lim_{n \to \infty} P\left\{\frac{\zeta_n - n\mu}{\sqrt{n}\sigma} \leqslant x\right\} = \Phi(x)$$

即当 n 充分大(一般 $n > 30$ 即可)时,随机变量 $\frac{\zeta_n - n\mu}{\sqrt{n}\sigma}$ 的精确分布与标准正态分布相当接近,一般认为:

$$\zeta_n = \sum_{k=1}^{n} X_k \sim N(n\mu, n\sigma^2)$$

因此,在大样本场合下,无论总体服从何种分布,均有

$$\overline{X} \sim N\left(\mu, \frac{\sigma^2}{n}\right)$$

2.3.2 顺序统计量的分布

定理 2.3.2 设 $f(x)$ 是总体 X 的概率密度函数,$X_1,X_2,\cdots,X_n$ 是来自总体的简单随机样本,$(X_{(1)},X_{(2)},\cdots,X_{(n)})$ 是它的一个顺序统计量,则其联合概率密度函数为

$$g(x_1,x_2,\cdots,x_n) = \begin{cases} n!\prod_{i=1}^{n}f(x_i), & x_1 < x_2 < \cdots < x_n \\ 0, & \text{其他} \end{cases} \tag{2.3.2}$$

证明略。

对于样本中位数和样本极差,也可以给出它们的概率密度函数,分别为

$$f_{M_e}(x) = \frac{n!}{\left[\dfrac{n}{2}\right]!\left(n-\left[\dfrac{n}{2}\right]-1\right)!}\left[F(x)\right]^{\left[\frac{n}{2}\right]}\left[1-F(x)\right]^{n-\left[\frac{n}{2}\right]-1}f(x) \tag{2.3.3}$$

$$f_R(x) = \begin{cases} \displaystyle\int_0^{+\infty} n(n-1)\left[F(x+t)-F(t)\right]^{n-2}f(x+t)f(t)\mathrm{d}t, & x \geqslant 0 \\ 0, & \text{其他} \end{cases} \tag{2.3.4}$$

其中,$F(x) = \displaystyle\int_{-\infty}^{x} f(t)\mathrm{d}t$。

2.3.3 χ^2 分布

定义 2.3.1 设 $X_1,X_2,\cdots,X_n$ 是来自总体 $N(0,1)$ 的样本,则称统计量 $\chi^2 = \displaystyle\sum_{i=1}^{n}X_i^2$ 服从自由度为 n 的 χ^2 分布,记为 $\chi^2 \sim \chi^2(n)$。

可以证明:$\chi^2(n)$ 分布的概率密度函数为

$$f(y) = \begin{cases} \dfrac{1}{2^{\frac{n}{2}}\Gamma\left(\dfrac{n}{2}\right)}y^{\frac{n}{2}-1}\mathrm{e}^{-\frac{y}{2}} & y > 0 \\ 0 & y \leqslant 0 \end{cases} \tag{2.3.5}$$

其中,$\Gamma(\alpha) = \displaystyle\int_0^{+\infty} \mathrm{e}^{-x}x^{\alpha-1}\mathrm{d}x$,称为 Gamma 函数。

$f(y)$ 的图形如图 2.3.1 所示。

χ^2 分布具备如下一些性质。

(1) 若 $\chi_1^2 \sim \chi^2(n_1)$,$\chi_2^2 \sim \chi^2(n_2)$,且 χ_1^2 与 χ_2^2 相互独立,则

$$\chi_1^2 + \chi_2^2 \sim \chi^2(n_1+n_2)$$

(2) 若 $\chi^2 \sim \chi^2(n)$,则

$$E(\chi^2) = n, \quad D(\chi^2) = 2n$$

我们仅就第 2 个性质说明如下。

因为 $X_i \sim N(0,1)$,所以

$$E(X_i^2) = D(X_i) = 1$$

$$D(X_i^2) = E(X_i^4) - \left[E(X_i^2)\right]^2 = \int_{-\infty}^{+\infty} x^4 \frac{1}{\sqrt{2\pi}}\mathrm{e}^{-\frac{x^2}{2}}\mathrm{d}x - 1 = 3 - 1 = 2$$

于是

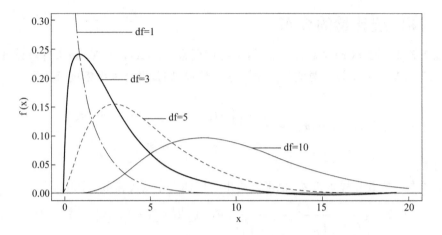

图 2.3.1　自由度不同的卡方密度曲线（基于 R 绘制）

$$D(\chi^2) = D\big(\sum_{i=1}^{n} X_i^2\big) = \sum_{i=1}^{n} D(X_i^2) = 2n$$

$$E(\chi^2) = E\big(\sum_{i=1}^{n} X_i^2\big) = \sum_{i=1}^{n} E(X_i^2) = n$$

当 $X_1, X_2, \cdots, X_n$ 是来自总体 $N(\mu, \sigma^2)$ 的样本时，也记 $\chi^2 = \sum_{i=1}^{n}(X_i - \mu)^2$。

事实上，令

$$Y_i = \frac{X_i - \mu}{\sigma}, \quad i = 1, 2, \cdots, n$$

显然，$Y_1, Y_2, \cdots, Y_n$ 相互独立，且服从同一分布 $N(0,1)$，所以由定义 2.3.1 知：

$$\frac{\chi^2}{\sigma^2} = \sum_{i=1}^{n}\big(\frac{X_i - \mu}{\sigma}\big)^2 = \sum_{i=1}^{n} Y_i \sim \chi^2(n)$$

关于 χ^2 分布，人们引入了分位数（Fractile）（也称分位点、临界值或阈值）的概念，并制成了相应的分位数值表（见附表 4），可供查询。

定义 2.3.2　对任意正数 α，$0 < \alpha < 1$，若 $P\{\chi^2 > \chi_\alpha^2(n)\} = \alpha$，则称 $\chi_\alpha^2(n)$ 为 χ^2 分布的 $100\alpha\%$ 分位数，如图 2.3.2 所示。

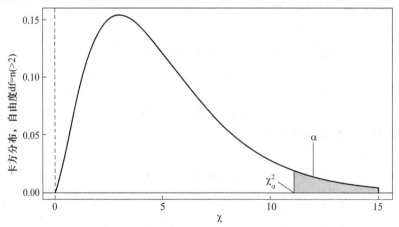

图 2.3.2　卡方分布的 $100\alpha\%$ 分位数 $\chi_\alpha^2(n)$（基于 R 绘制）

从定义可以看出：

$$P\{\chi_\beta^2(n) \leqslant \chi^2 \leqslant \chi_\alpha^2(n)\} = P\{\chi^2 \leqslant \chi_\alpha^2(n)\} - P\{\chi^2 < \chi_\beta^2(n)\} = \alpha - \beta$$

因此，可利用 χ^2 分布的分位数值表求得 χ^2 随机变量落在任何一个区间内的概率。

2.3.4 t 分布

定义 2.3.3 设 $X \sim N(0,1)$，$Y \sim \chi^2(n)$，且 X 与 Y 相互独立，则称统计量 $T = \dfrac{X}{\sqrt{\dfrac{Y}{n}}}$ 服从

自由度为 n 的 t 分布，记为 $t \sim t(n)$。

可以证明：$t(n)$ 分布的概率密度函数为

$$h(t) = \frac{\Gamma\left[\dfrac{(n+1)}{2}\right]}{\sqrt{n\pi}\,\Gamma\left(\dfrac{n}{2}\right)} \left(1 + \frac{t^2}{n}\right)^{-\frac{n+1}{2}}, \quad -\infty < t < +\infty \tag{2.3.6}$$

$h(t)$ 的图形如图 2.3.3 所示。

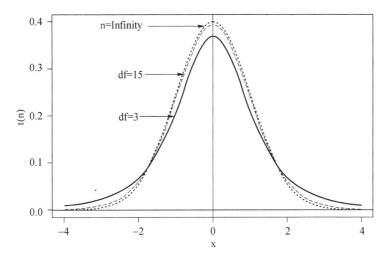

图 2.3.3 自由度不同的 t 分布密度曲线（基于 R 绘制）

t 分布具备如下一些性质。

(1) $\lim\limits_{n \to \infty} h(t) = \dfrac{1}{\sqrt{2\pi}} \mathrm{e}^{-\frac{t^2}{2}}$。

(2) 若 $T \sim t(n)$，则

$$E(T) = 0$$

$$D(T) = \frac{n}{n-2}, \quad n > 2$$

(3) $h(t)$ 的图形关于纵轴对称。

关于 t 分布，也有分位数的概念以及相应的分位数值表（见附表 3）。

定义 2.3.4 对任意正数 α，$0 < \alpha < 1$，若 $P\{T > t_\alpha(n)\} = \alpha$，则称 $t_\alpha(n)$ 为 t 分布的 $100\alpha\%$ 分位数，如图 2.3.4 所示。

显然，$t_\alpha(n) = -t_{1-\alpha}(n)$，且同样成立：$P\{t_\beta(n) \leqslant T \leqslant t_\alpha(n)\} = \beta - \alpha$。

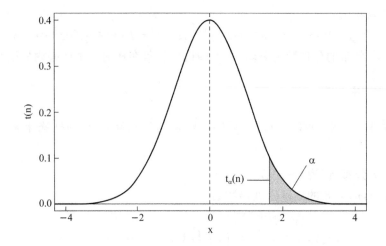

图 2.3.4　t 分布的 $100\alpha\%$ 分位数(基于 R 绘制)

2.3.5　F 分布

定义 2.3.5　设 $U\sim\chi^2(n_1)$，$V\sim\chi^2(n_2)$，且 U 与 V 相互独立，则称统计量 $F=\dfrac{\dfrac{U}{n_1}}{\dfrac{V}{n_2}}$ 服从自

由度为 (n_1,n_2) 的 F 分布，记为 $F\sim F(n_1,n_2)$。

可以证明：$F(n_1,n_2)$ 分布的概率密度函数为

$$\psi(y)=\begin{cases}\dfrac{\Gamma\left[\dfrac{n_1+n_2}{2}\right]\left(\dfrac{n_1}{n_2}\right)^{\frac{n_1}{2}}y^{\frac{n_1}{2}-1}}{\Gamma\left(\dfrac{n_1}{2}\right)\Gamma\left(\dfrac{n_2}{2}\right)\left(1+\dfrac{n_1 y}{n_2}\right)^{\frac{n_1+n_2}{2}}}, & y>0\\[3mm] 0, & y\leqslant 0\end{cases}\tag{2.3.7}$$

$\psi(y)$ 的图形如图 2.3.5 所示。

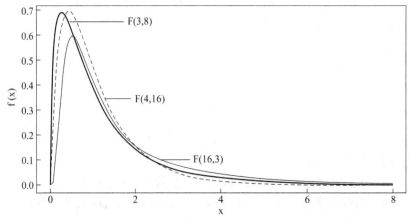

图 2.3.5　自由度不同的 F 密度函数(基于 R 绘制)

F 分布具备如下一些性质。

（1）若 $F \sim F(n_1, n_2)$，则

$$\frac{1}{F} \sim F(n_2, n_1)$$

（2）若 $F \sim F(n_1, n_2)$，则

$$E(F) = \frac{n_2}{n_2 - 2}, \quad n_2 > 2$$

$$D(F) = \frac{n_2^2 (2n_1 + 2n_2 - 4)}{n_1 (n_2 - 2)^2 (n_2 - 4)}, \quad n_2 > 4$$

关于 F 分布，我们也定义了分位数的概念并编制了相应的分位数值表（见附表 5）。

定义 2.3.6 对任意正数 α，$0 < \alpha < 1$，若 $P\{F > F_\alpha(n_1, n_2)\} = \alpha$，则称 $F_\alpha(n_1, n_2)$ 为 F 分布的 $100\alpha\%$ 分位数，如图 2.3.6 所示。

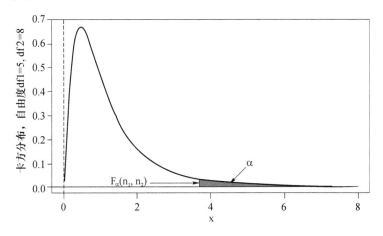

图 2.3.6 F 分布的 $100\alpha\%$ 分位数（基于 R 绘制）

这里，显然成立：$P\{F_\beta(n_1, n_2) \leqslant F \leqslant F_\alpha(n_1, n_2)\} = \beta - \alpha$。另外，由于

$$\alpha = P\{F < F_\alpha(n_1, n_2)\} = P\left\{\frac{1}{F} > \frac{1}{F_\alpha(n_1, n_2)}\right\}$$

$$= 1 - P\left\{\frac{1}{F} \leqslant \frac{1}{F_\alpha(n_1, n_2)}\right\} = 1 - P\left\{\frac{1}{F} < \frac{1}{F_\alpha(n_1, n_2)}\right\}$$

所以

$$P\left\{\frac{1}{F} < \frac{1}{F_\alpha(n_1, n_2)}\right\} = 1 - \alpha$$

又因为

$$\frac{1}{F} \sim F(n_2, n_1)$$

所以

$$P\left\{\frac{1}{F} < F_{1-\alpha}(n_2, n_1)\right\} = 1 - \alpha$$

于是

$$F_\alpha(n_1, n_2) = \frac{1}{F_{1-\alpha}(n_2, n_1)} \tag{2.3.8}$$

式(2.3.8)常用来求当 α 较小时 F 分布表中未列出的一些 $100\alpha\%$ 分位数,例如:

$$F_{0.95}(5,4)=\frac{1}{F_{0.05}(4,5)}=\frac{1}{5.19}$$

2.3.6 正态总体中其他几个常用统计量的分布

以下我们给出几个涉及正态总体样本均值与样本方差的抽样分布。

定理 2.3.3 设 $X_1,X_2,\cdots,X_n$ 是来自总体 $N(\mu,\sigma^2)$ 的样本,$\overline{X}$ 和 S^2 分别是样本均值和样本方差,则有

(1) $\dfrac{(n-1)S^2}{\sigma^2}\sim\chi^2(n-1)$; $\qquad\qquad\qquad\qquad\qquad\qquad$ (2.3.9)

(2) $\overline{X}$ 与 S^2 相互独立。

证明略。

依据上述定理,当样本来自正态总体时,因为

$$E\left(\frac{(n-1)S^2}{\sigma^2}\right)=n-1$$

$$D\left(\frac{(n-1)S^2}{\sigma^2}\right)=2(n-1)$$

于是有如下结论:

$$E(S^2)=\sigma^2$$

$$D(S^2)=\frac{2\sigma^4}{n-1}$$

定理 2.3.4 设 $X_1,X_2,\cdots,X_n$ 是来自总体 $N(\mu,\sigma^2)$ 的样本,$\overline{X}$ 和 S^2 分别是样本均值和样本方差,则有

$$\frac{\overline{X}-\mu}{\frac{S}{\sqrt{n}}}\sim t(n-1) \qquad\qquad\qquad (2.3.10)$$

证 因为 $\overline{X}\sim N\left(\mu,\dfrac{\sigma^2}{n}\right)$,所以 $\dfrac{\overline{X}-\mu}{\frac{\sigma}{\sqrt{n}}}\sim N(0,1)$,而 $\dfrac{(n-1)S^2}{\sigma^2}\sim\chi^2(n-1)$,且与 $\dfrac{\overline{X}-\mu}{\frac{\sigma}{\sqrt{n}}}$ 相互独立,于是根据 t 分布的定义有

$$\frac{\frac{\overline{X}-\mu}{\frac{\sigma}{\sqrt{n}}}}{\sqrt{\frac{(n-1)S^2}{(n-1)\sigma^2}}}\sim t(n-1)$$

即

$$\frac{\overline{X}-\mu}{\frac{S}{\sqrt{n}}}\sim t(n-1)$$

定理 2.3.5 设 $X_1,X_2,\cdots,X_{n_1}$ 与 $Y_1,Y_2,\cdots,Y_{n_2}$ 分别是具有相同方差的两个正态总体 $N(\mu_1,\sigma^2)$ 与 $N(\mu_2,\sigma^2)$ 的样本,且这两个样本相互独立。记

$$\overline{X}=\frac{1}{n_1}\sum_{i=1}^{n_1}X_i,\quad \overline{Y}=\frac{1}{n_2}\sum_{i=1}^{n_2}Y_i$$

$$S_1^2 = \frac{1}{n_1-1} \sum_{i=1}^{n_1} (X_i - \overline{X})^2$$

$$S_2^2 = \frac{1}{n_2-1} \sum_{i=1}^{n_2} (Y_i - \overline{Y})^2$$

则有

(1) $\dfrac{S_1^2}{S_2^2} \sim F(n_1-1, n_2-1)$ (2.3.11)

(2) $\dfrac{(\overline{X} - \overline{Y}) - (\mu_1 - \mu_2)}{S_w \sqrt{\dfrac{1}{n_1} + \dfrac{1}{n_2}}} \sim t(n_1 + n_2 - 2)$ (2.3.12)

其中,

$$S_w^2 = \frac{(n_1-1)S_1^2 + (n_2-1)S_2^2}{n_1 + n_2 - 2}$$

证 (1) 根据定理 2.3.3 有

$$\frac{(n_1-1)S_1^2}{\sigma^2} \sim \chi^2(n_1-1)$$

$$\frac{(n_2-1)S_2^2}{\sigma^2} \sim \chi^2(n_2-1)$$

又由于 $X_1, X_2, \cdots, X_{n_1}$ 与 $Y_1, Y_2, \cdots, Y_{n_2}$ 相互独立,因此 $\dfrac{(n_1-1)S_1^2}{\sigma^2}$ 与 $\dfrac{(n_2-1)S_2^2}{\sigma^2}$ 相互独立,于是按照 F 分布的定义

$$\frac{\dfrac{(n_1-1)S_1^2/\sigma^2}{(n_1-1)}}{\dfrac{(n_2-1)S_2^2/\sigma^2}{(n_2-1)}} \sim F(n_1-1, n_2-1)$$

即

$$\frac{S_1^2}{S_2^2} \sim F(n_1-1, n_2-1)$$

(2) 因为

$$\overline{X} - \overline{Y} \sim N\left(\mu_1 - \mu_2, \frac{\sigma^2}{n_1} + \frac{\sigma^2}{n_2}\right)$$

所以

$$U = \frac{(\overline{X} - \overline{Y}) - (\mu_1 - \mu_2)}{\sigma \sqrt{\dfrac{1}{n_1} + \dfrac{1}{n_2}}} \sim N(0,1)$$

又因为

$$\frac{(n_1-1)S_1^2}{\sigma^2} \sim \chi^2(n_1-1), \quad \frac{(n_2-1)S_2^2}{\sigma^2} \sim \chi^2(n_2-1)$$

所以有

$$V = \frac{(n_1-1)S_1^2}{\sigma^2} + \frac{(n_2-1)S_2^2}{\sigma^2} \sim \chi^2(n_1 + n_2 - 2)$$

于是根据 t 分布的定义有

$$\cfrac{U}{\sqrt{\cfrac{V}{(n_1+n_2-2)}}}=\cfrac{(\overline{X}-\overline{Y})-(\mu_1-\mu_2)}{S_w\sqrt{\cfrac{1}{n_1}+\cfrac{1}{n_2}}}\sim t(n_1+n_2-2)$$

2.4 基于 R 的抽样分布知识

2.4.1 正态随机数

rnorm(n,mu,sigma)函数可以得到正态随机数,n 为随机数个数,为 mu 数学期望,sigma 为标准差,默认 mu＝0,sigma＝1,可以省略。

rnorm(20) ♯得到 20 个标准正态随机数

[1] 1.02493875 −1.79676429 −1.81425925 1.01036926 2.19966146 −0.67584735 −0.38090808 0.60114089

[9] −2.05369375 −0.21319620 2.98621949 −0.03821353 −0.22805049 −1.80353516 2.29539251 0.46648205

[17] −0.04615607 0.68212732 0.13069979 0.73274629

rnorm(20,1,10) ♯得到 20 个均值是 1,标准差是 10 的正态随机数

[1] 13.96866114 4.05192927 −0.62218001 5.14223472 −6.26293976 2.16460969 −7.19079450

[8] −9.81501252 −4.65514966 −11.56654248 −4.95455173 −1.20888803 10.68547964 −17.79000464

[15] −7.61559526 −6.47001503 −0.04984928 −4.11324972 6.04520195 −0.31573626

（1）标准正态随机变量散点图如图 2.4.1 所示。

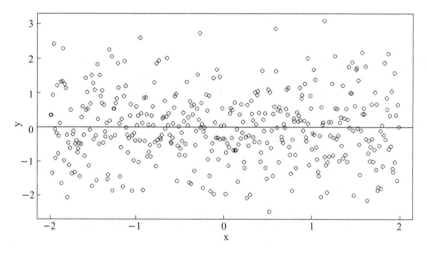

图 2.4.1 标准正态随机变量散点图

x＜− seq(−2,2,0.01)

y＜− rnorm(401)

```
plot(x,y)
abline(h = 0,col = "red")
```

（2）带核密度曲线的直方图。

```
x < - seq( - 2,2,0.01)
y < - rnorm(401)
plot(x,y,xlab = "x")
abline(h = 0,col = "red")
hist(y,freq = FALSE,xlab = "x")    ♯画直方图
lines(density(x),add = TRUE,col = "red",lty = 2)    ♯增加核密度曲线,如图 2.4.2
```
所示

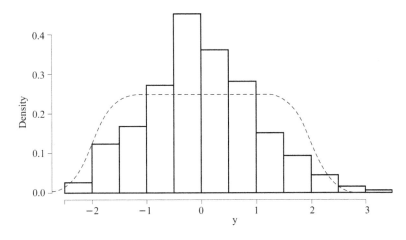

图 2.4.2　增加核密度曲线的直方图

（3）增加标准正态密度曲线。

```
x < - seq( - 2,2,0.01)
y < - rnorm(401)
plot(x,y)
abline(h = 0,col = "red")
hist(y,freq = FALSE)
curve(dnorm(x),add = TRUE,lty = 2,lwd = 2,col = "red")    ♯增加正态密度曲线,如图
```
2.4.3 所示

2.4.2　t 分布随机数

rt(n,df)函数可以得到 t 分布随机数,n 为随机数个数,df 为自由度。

```
rt(20,5)    ♯得到 20 个自由度为 5 的 t 分布随机数
```
[1] - 1.19609258　0.64913346 - 1.71521524 - 1.36973591　0.08001160
- 2.00559030　0.66221051　1.87979390
[9]　0.70354328　0.32632424　0.32570978 - 1.49214119 - 0.87030982
- 2.16230338　1.23757796　0.56871637

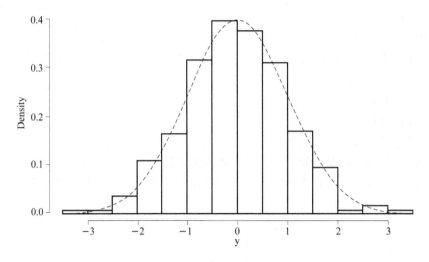

图 2.4.3　增加正态密度曲线的直方图

[17]　0.09628010　0.07668998 − 0.88481595　0.32053926

(1) t 随机变量散点图如图 2.4.4 所示。

```
x < − seq( − 2,2,0.01)
y < − rt(401,5)
plot(x,y)
abline(h = 0,col = "red")
```

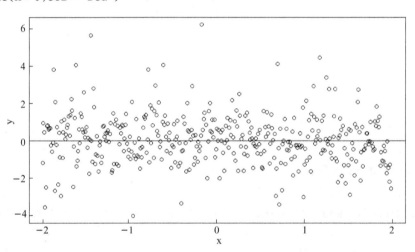

图 2.4.4　自由度随为 5 的 t 分布随机变量散点图

(2) 带核密度曲线的直方图。

```
x < − seq( − 2,2,0.01)
y < − rt(401,5)
plot(x,y,xlab = "x")
abline(h = 0,col = "red")
hist(y,freq = FALSE,xlab = "x")    ♯ 画直方图
```

```
lines(density(x),add = TRUE,col = "red",lty = 2)   ♯增加核密度曲线,如图 2.4.5
```
所示。

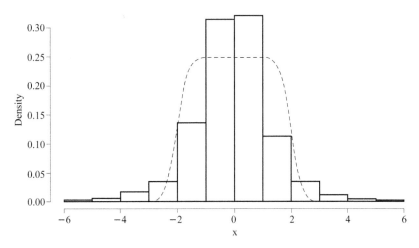

图 2.4.5　增加核密度曲线的 t 分布随机变量分布直方图

(3) 增加标准正态密度曲线。
```
x < - seq( - 2,2,0.01)
y < - rt(401,5)
abline(h = 0,col = "red")
hist(y,freq = FALSE,ylim = c(0,0.5))
curve(dt(x,5),add = TRUE,lty = 2,lwd = 2,col = "red") ♯增加 t 分布密度曲线,如图
```
2.4.6 所示

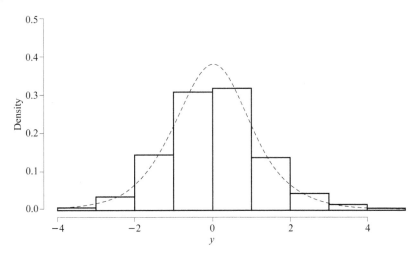

图 2.4.6　增加 t 分布密度曲线的 t 分布随机变量分布直方图

2.4.3　$\chi^2(n)$ 分布随机数

rchisq(n,df)函数可以得到卡方分布随机数,n 为随机数个数,df 为自由度。
rchisq(20,10) ♯得到 20 个自由度为 10 的卡方分布随机数

[1] 17.685591　2.155882　10.209810　15.007586　13.033180　14.014131
5.398439　6.403010　3.990430　9.547056

[11] 11.245600　6.113036　12.561257　10.149668　4.984883　13.633423
16.318309　9.697801　7.320116　9.336362

（1）卡方随机变量散点图如图2.4.7所示。

x <- seq(0,4.99,0.01)

y <- rchisq(500,10)

plot(x,y)

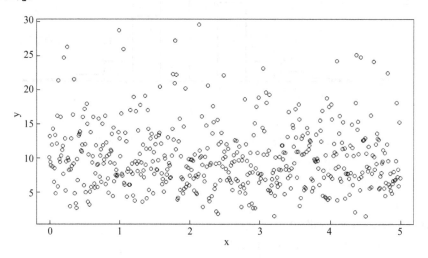

图2.4.7　自由度为10的卡方分布随机变量散点图

（2）带核密度曲线的直方图。

x <- seq(0,4.99,0.01)

y <- rchisq(500,10)

hist(y,freq = FALSE,xlab = "x")　　♯画直方图

lines(density(y),add = TRUE,col = "red",lty = 2)　♯增加核密度曲线，如图2.4.8所示

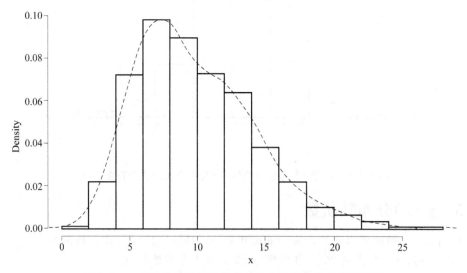

图2.4.8　增加核密度曲线的卡方分布随机变量分布直方图

（3）增加卡方密度曲线。

x < − seq(0,4.99,0.01)

y < − rchisq(500,10)

hist(y,freq = FALSE,ylim = c(0,0.16))

curve(dchisq(x,5),add = TRUE,lty = 2,lwd = 2,col = "red") ♯增加卡方分布密度曲线,如图 2.4.9 所示

curve(dnorm(x,5,3.33),add = TRUE,lty = 1,lwd = 2,col = "blue") ♯增加正态密度曲线,如图 2.4.9 所示

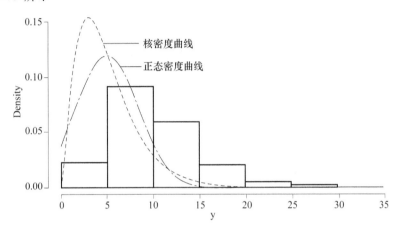

图 2.4.9　增加卡方分布密度曲线和正态分布密度曲线的卡方分布随机变量分布直方图

2.4.4　$F(n_1,n_2)$分布随机数

rf(n,df1,df2)函数可以得到卡方分布随机数,n 为随机数个数,df 为自由度。

rf(20,5,8)　♯产生 20 个自由度 df1 = 5,df2 = 8 的 F 分布随机数

[1] 1.0438442 1.0640639 1.1577621 0.5519831 1.0159441 0.5119291 0.5091622 0.3581782 0.6507698 2.4767731

[11] 0.3356503 1.2554581 4.1170054 0.3539848 1.4762087 1.1003149 1.3680006 0.4995177 0.5165366 0.8147722

（1）F 随机变量散点图如图 2.4.10 所示。

x < − seq(0,4.99,0.01)

y < − rf(500,5,8)

plot(x,y)

（2）带核密度曲线的直方图。

x < − seq(0,4.99,0.01)

y < − rf(500,5,8)

hist(y,freq = FALSE,xlab = "x",ylim = c(0,0.7)) ♯画直方图,如图 2.4.11 所示

lines(density(y),add = TRUE,col = "red",lty = 2) ♯增加核密度曲线,如图 2.4.11 所示

（3）增加 F 密度曲线。

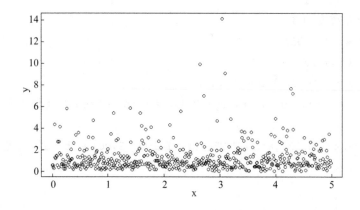

图 2.4.10　F 分布随机变量散点图

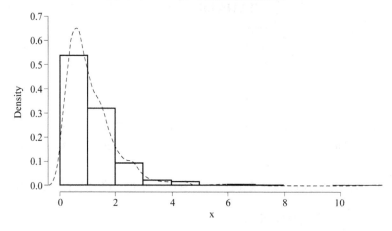

图 2.4.11　增加核密度曲线的 F 分布随机变量分布直方图

```
x < - seq(0,4.99,0.01)
y < - rf(500,5,8)
hist(y,freq = FALSE,ylim = c(0,0.7))
curve(df(x,5,8),add = TRUE,lty = 2,lwd = 2,col = "red")
```
＃增加 F 分布密度曲线,如
图 2.4.12 所示

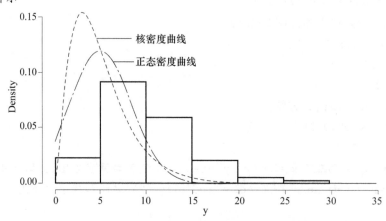

图 2.4.12　增加 F 分布度曲线的 F 分布随机变量分布直方图

2.4.5 利用 R 求各种分布的分位数举例

利用 R 求各种分布的概率及分位数非常方便,现通过举例的方式介绍。

1. R 求正态分布的概率及分位数

(1) 求正态分布概率函数。

pnorm(x,mu,sigma):正态随机变量小于 x 的概率计算函数,其中 x 为分位数,mu 为均值,sigma 为标准差,标准正态 mu=0,sigma=1 是默认的,可以省略。

pnorm(1.96) #标准正态随机变量小于 1.96 的概率

[1] 0.9750021

pnorm(1.96,1,2) #均值为 1,标准差为 2 的小于 1.96 的概率

[1] 0.6843863

pnorm(−1.96) #标准正态随机变量小于 −1.96 的概率

[1] 0.0249979

pnorm(−1.96,1,2) #均值为 1,标准差为 2 的小于 −1.96 的概率

[1] 0.06943662

(2) 求正态分布分位数函数。

qnorm(p,mu,sigma):正态随机变量概率为 p 的分位数计算函数,其中 p 为概率值,mu 为均值,sigma 为标准差,标准正态 mu=0,sigma=1 是默认的,可以省略。

qnorm(0.975) #标准正态随机变量小于分位数 x 的概率为 0.975,则分位数 x 的值为

[1] 1.959964

qnorm(0.975,1,2) #均值为 1 标准差为 2 的正态随机变量小于分位数 x 的概率为 0.975,则分位数 x 的值为

[1] 4.919928

qnorm(0.025) #标准正态随机变量小于分位数 x 的概率为 0.025,则分位数 x 的值为

[1] −1.959964

qnorm(0.025,1,2) #均值为 1 标准差为 2 的正态随机变量小于分位数 x 的概率为 0.025,则分位数 x 的值为

[1] −2.919928

2. R 求卡方分布的概率及分位数

(1) pchisq(x,n):计算小于分位数 x 的概率函数,其中 n 是自由度。

pchisq(4.353,5) #自由度为 5 的卡方随机变量小于 4.353 的概率值

[1] 0.500211

(2) qchisq(p,n):计算小于概率 p 的分位数 x 的函数,其中 n 是自由度。

qchisq(0.5,5) #自由度为 5 的卡方随机变量小于概率值 0.5 的分位数值

[1] 4.35146

3. R 求 t 分布的概率及分位数

(1) pt(x,n):计算小于分位数 x 的概率函数,其中 n 是自由度。

pt(2.5,8) #计算自由度为 8 的小于分位数 2.5 的概率值

[1] 0.981529

（2）qt(p,n)：计算小于概率 p 的分位数 x 的函数，其中 n 是自由度。

qt(0.981529,8) ＃计算自由度为 8 的小于概率值 0.981529 的分位数 x 的值

[1] 2.500001

4. R 求 F 分布的概率及分位数

（1）pf(x,n1,n2)：计算小于分位数 x 的概率函数，其中 n1，n2 是自由度。

pf(2.5,8,3) ＃计算自由度为 8,3 的小于分位数 2.5 的概率值

[1] 0.7569048

（2）qf(p,n1,n2)：计算小于概率 p 的分位数 x 的函数，其中 n1，n2 是自由度。

qf(0.7569048,8,3) ＃计算自由度为 8,3 的小于概率值 0.7569048 的分位数 x 的值

[1] 2.5

习题 2

（一）

2.1 设 $X_1,X_2,\cdots,X_{100}$ 是来自总体 X 的样本，且 $E(X)=\mu,D(X)=0.01$，求：

（1）$p\{|\overline{X}-\mu|>0.1\}$

（2）$E(S^2)=E\left(\dfrac{1}{n-1}\sum\limits_{i=1}^{n}(X_i-\overline{X})^2\right),n=100$

2.2 设总体 X 服从正态分布 $N(\mu,\sigma^2)$，其中 μ 已知，σ^2 未知，X_1,X_2,X_3 是从中抽取的一个样本。

（1）写出 X_1,X_2,X_3 的联合概率密度；

（2）指出下列表达式中哪些是统计量？

$$X_1+X_2+X_3,X_2+2\mu,\min(X_1,X_2,X_3),\sum_{i=1}^{3}\frac{X_i^2}{\sigma^2},X_3,\frac{\overline{X}-\mu}{\frac{S}{\sqrt{n}}},\frac{\overline{X}-\mu}{\frac{\sigma}{\sqrt{n}}}$$

2.3 设 $F_n^*(x)$ 是总体 X 的样本分布函数，求：$E(F_n^*(x)),D(F_n^*(x))$。

2.4 设 $X_1,X_2,\cdots,X_{30}$ 是来自总体 $N(0,4)$ 的一个样本，求：$P\left\{59.816\leqslant\sum\limits_{i=1}^{30}X_i^2<139.2\right\}$

2.5 已知 $T\sim t(n)$，求证：$T^2\sim F(1,n)$。

2.6 设 S_1^2 与 S_2^2 分别是来自正态总体 $N(\mu,\sigma^2)$ 的两个容量为 10 和 15 的样本方差，求：

（1）$P\left\{\dfrac{S_1^2}{S_2^2}\leqslant2.65\right\}$

（2）$P\left\{\dfrac{S_1^2}{\sigma^2}\leqslant2.114\right\}$

2.7 若 $X_1,X_2,\cdots,X_{40}$ 与 $Y_1,Y_2,\cdots,Y_{40}$ 分别来自两个具有相同均值和方差的总体 X，Y（假定 X,Y 相互独立），且 $X\sim N(0,0.05^2)$，求：

$$P\left\{\frac{(Y_1+Y_2+\cdots+Y_{40})^2}{X_1^2+X_2^2+\cdots+X_{40}^2}\leqslant7.31\right\}$$

2.8 设 $X_1, X_2, \cdots, X_n$ 是来自总体 X 的样本,且 X 服从参数为 $\frac{1}{\theta}$ 的指数分布:

$$f(x) = \begin{cases} \dfrac{1}{\theta} \mathrm{e}^{-\frac{x}{\theta}}, x > 0, & \theta > 0 \\ 0, & 其他 \end{cases}$$

(1) 求:$E(n \times \min(X_1, X_2, \cdots, X_n))$;

(2) 证明:$\dfrac{2n\overline{X}}{\theta} \sim \chi^2(2n)$。

(二)

2.9 利用 R 获取 30 个均值为 -1、标准差为 5 的正态随机数。

2.10 利用 R 获取 30 个自由度为 5 的 t 分布随机数。

2.11 利用 R 在同一图形内做出正态密度曲线及自由度为 3、8、20 的 t 密度曲线并对它们进行比较。

2.12 利用 R 画出带密度曲线的自由度为 8 的卡方分布随机变量分布直方图。

2.13 利用 R 画出自由度为 $df_1 = 8, df_2 = 3$ 及 $df_1 = 3, df_2 = 8$ 的 F 方分布随机变量密度曲线。

2.14 利用 R 尝试计算各种分布的分位数及概率值。

第3章 参数估计

统计推断主要分为两大部分，一是参数估计，二是假设检验。参数估计又分点估计与区间估计两种。本章主要介绍估计量的求法和评价估计量好坏的标准以及参数的区间估计等内容。

3.1 点 估 计

3.1.1 参数估计

参数估计的参数是指总体分布中的未知参数。例如，在正态分布 $N(\mu,\sigma^2)$ 中 μ 与 σ^2 未知，μ 与 σ^2 是参数；再如，泊松分布 $\pi(\lambda)$ 的总体中 λ 未知，λ 是参数；二项分布 $B(n,p)$ 的总体中 n 已知，p 未知，p 是参数。所谓参数估计就是由样本值对总体的未知参数作出估计。先看一个实例。

例 3.1.1 用一个仪器测量某物体的长度，假定测量得到的长度服从正态分布 $N(\mu,\sigma^2)$。现在进行五次测量，测量值（单位：mm）为：53.2，52.9，53.3，52.8，52.5，μ 和 σ^2 分别是正态分布总体的均值和方差。很显然，可以用样本均值和样本方差分别去估计。

$$\overline{x} = \frac{\sum\limits_{i=1}^{n} x_i}{n} = \frac{1}{5}(53.2 + 52.9 + 53.3 + 52.8 + 52.5) = 52.94$$

$$S^2 = \frac{1}{n-1} \sum\limits_{i=1}^{n} (x_i - \overline{x})^2$$

$$= \frac{1}{5-1} [(53.2 - 52.94)^2 + (52.9 - 52.94)^2 + (53.3 - 52.94)^2 +$$

$$(52.8 - 52.94)^2 + (52.5 - 52.94)^2 = 0.103$$

所以，μ 的估计值是 52.94，σ^2 的估计值是 0.103。用 $\hat{\mu}$ 和 $\hat{\sigma}^2$ 分别表示 μ 和 σ^2 的估计值，故 $\hat{\mu}=52.94$，$\hat{\sigma}^2=0.103$，这就是对参数 μ 和 σ^2 分别作定值估计，亦称为参数的点估计。

基于 R 求解本例如下：

```
x<-c(53.2,52.9,53.3,52.8,52.5)        #把 x 写成向量格式
mean(x)                                #利用 R 均值函数求平均值
[1] 52.94
sum(x)/length(x)                       #利用求和函数除以数据个数
[1] 52.94
var(x)                                 #利用 R 自带方差函数求方差
```

[1] 0.103

sum((x－mean(x))^2)/(length(x)－1) #利用公式求方差

[1] 0.103

一般来说,设总体 X 的分布函数是 $F(x;\theta_1,\theta_2,\cdots,\theta_k)$,其中 $\theta_1,\theta_2,\cdots,\theta_k$ 是未知参数。如果从总体中取得的样本值为 $(x_1,x_2,\cdots,x_n)$,作 k 个函数 $\hat{\theta}_i=\hat{\theta}_i(x_1,x_2,\cdots,x_n)$, $i=1$, $2,\cdots,k$,分别用 $\hat{\theta}_i$ 估计未知参数 θ_i,则称 $\hat{\theta}_i$ 是 θ_i 的估计值。作 $\hat{\theta}_i=\hat{\theta}_i(X_1,X_2,\cdots,X_n)$,则称 $\hat{\theta}_i$(随机变量)是 θ_i 的估计量, $i=1,2,\cdots,k$。估计量显然是统计量,用作估计未知参数。为了方便起见,有时候我们把估计值和估计量统称为估计量,这种用 $\hat{\theta}_i$ 对参数 θ_i 作定值估计的方法,称为参数的点估计。需要指出,这种估计值随抽得的样本的数值不同而不同,具有随机性。

下面介绍参数点估计的几个具体方法。

3.1.2 点估计的方法

1. 矩估计法

所谓矩估计法,概括来说,就是用样本矩估计总体的相应的矩,用样本矩的函数作为总体相应矩同一函数的估计量。

例 3.1.2 设某种罐头的重量 $X\sim N(\mu,\sigma^2)$,其中参数 μ 及 σ^2 都是未知的,现随机地抽测 8 盒罐头,测得重量(单位:g)为

    453   457   454   452.5   453.5   455   456   451

试求 μ 及 σ^2 的矩估计值。

解 因为 μ 是全部罐头的平均重量,而 $\bar{x}$ 是样本的平均重量,因此自然会想到用样本均值 $\bar{x}$ 去估计 μ。同样,用样本方差 s^2 去估计总体方差 σ^2,即有 $\hat{\mu}=\bar{x},\hat{\sigma}^2=s^2$,由测得重量值可算得 $\bar{x}$ 和 s^2 的值分别为 $\bar{x}=454,s^2=3.78$,故有 $\hat{\mu}=4.54,\hat{\sigma}^2=3.78$。

基于 R 的求解过程如下:

x<－c(453,457,454,452.5,453.5,455,456,451)

mean(x)

[1] 454

(length(x)－1)*var(x)/length(x) #方差的矩估计值

[1] 3.3125

var(x)   #样本方差,与总体方差的矩估计不同

[1] 3.785714

例 3.1.3 设总体 X 在 $[a,b]$ 上是均匀分布的,其概率密度函数为

$$f(x)=\begin{cases}\dfrac{1}{b-a}, & a\leqslant x\leqslant b\\ 0, & 其他\end{cases}$$

试求未知参数 a 和 b 的估计量。

解 这时参数 a 和 b 并不是总体分布的矩,但是总体矩却都与 a 和 b 有关,例如总体分布的一阶、二阶原点矩分别为

$$A_1 = E(X) = \int_a^b \frac{x}{b-a} \mathrm{d}x = \frac{a+b}{2}$$

$$A_2 = E(X^2) = \int_a^b \frac{x^2}{b-a} \mathrm{d}x = \frac{1}{3}(a^2 + ab + b^2)$$

由上面二式可解得

$$a = A_1 - \sqrt{3} \times \sqrt{A_2 - A_1^2}, \quad b = A_1 + \sqrt{3} \times \sqrt{A_2 - A_1^2}$$

当我们用样本矩估计总体矩,即取 $\hat{A}_1 = \frac{1}{n}\sum_{i=1}^n X_i = \overline{X}$,$\hat{A}_2 = \frac{1}{n}\sum_{i=1}^n X_i^2$ 时,就得到

$$\hat{a} = \hat{A}_1 - \sqrt{3} \times \sqrt{\hat{A}_2 - \hat{A}_1^2}$$

$$= \overline{X} - \sqrt{3} \times \sqrt{\frac{1}{n}\sum_{i=1}^n X_i^2 - \overline{X}^2}$$

$$= \overline{X} - \sqrt{3} \times \sqrt{\frac{1}{n}\sum_{i=1}^n (X_i - \overline{X})^2}$$

$$\hat{b} = \overline{X} + \sqrt{3} \times \sqrt{\frac{1}{n}\sum_{i=1}^n (X_i^2 - \overline{X})^2}$$

例 3.1.4 设总体 X 服从参数 λ 的指数分布,求 λ 的矩估计量。

解 由题意得:$f(x) = \lambda \mathrm{e}^{-\lambda x} (x > 0, \lambda > 0)$,则

$$A_1 = E(X) = \int_0^{+\infty} x\lambda \mathrm{e}^{-\lambda x} \mathrm{d}x = \frac{1}{\lambda}$$

即

$$\lambda = \frac{1}{A_1}$$

设 $X_1, X_2, \cdots, X_n$ 是来自总体 X 的样本,A_1 的估计量为

$$\hat{A}_1 = \frac{1}{n}\sum_{i=1}^n X_i = \overline{X}$$

故

$$\hat{\lambda} = \frac{1}{\overline{X}}$$

一般来讲,设总体 X 的分布函数 $F(x; \theta_1, \theta_2, \cdots, \theta_m)$ 的类型已知,但其中包含 m 个未知参数 $\theta_1, \theta_2, \cdots, \theta_m$,则总体 X 的 k 阶矩也是 $\theta_1, \theta_2, \cdots, \theta_m$ 的函数,记

$$q_k(\theta_1, \theta_2, \cdots, \theta_m) = E(X^k), k = 1, 2, \cdots, m$$

假定从方程组

$$\begin{cases} q_1(\theta_1, \theta_2, \cdots, \theta_m) = A \\ q_2(\theta_1, \theta_2, \cdots, \theta_m) = A_2 \\ \cdots \\ q_m(\theta_1, \theta_2, \cdots, \theta_m) = A_m \end{cases}$$

可以解出

$$\begin{cases} \theta_1 = h_1(A_1, A_2, \cdots, A_m) \\ \theta_2 = h_2(A_1, A_2, \cdots, A_m) \\ \cdots \\ \theta_m = h_m(A_1, A_2, \cdots, A_m) \end{cases}$$

设 $X_1, X_2, \cdots, X_n$ 是总体 X 的一个样本。用 $\hat{A}_k = \dfrac{1}{n} \sum\limits_{i=1}^{n} X^k$ 来估计 A_k,其中 $k=1,2,\cdots,m$,

然后代入上式的 h_k 中,得到 θ_k 的估计量 $\hat{\theta}_k = h_k(\hat{A}_1, \hat{A}_2, \cdots, \hat{A}_m)$,其中 $k=1,2,3,\cdots,m$。

我们看到,矩估计法直观而又便于计算,特别是在对总体的数学期望及方差等数字特征作估计时,并不一定要知道总体的分布函数,但是矩估计法要求总体 X 的原点矩存在,若总体 X 的原点矩不存在,那就不能用矩估计法。

2. 最大似然估计法

当总体的分布类型已知时,常用最大似然估计法估计未知参数。下面结合例子介绍最大似然估计法的基本思想和方法。

例 3.1.5 设有一大批产品,其不合格率为 $p(0<p<1)$。现从中随机地抽取 100 个,其中有 10 个不合格品,试估计 p 的值。

解 若正品用"0"表示,不合格品用"1"表示。此总体 X 的分布为
$$P\{X=1\}=p, \quad P\{X=0\}=1-p$$
即
$$P\{X=x\}=p^x (1-p)^{1-x}, \quad x=0,1$$
取得的样本记为 $(x_1, x_2, \cdots, x_{100})$,其中 10 个是"1",90 个是"0"。出现此样本的概率为
$$
\begin{aligned}
&P\{X_1=x_1, X_2=x_2, \cdots, X_n=x_n\} \\
&= P\{X_1=x_1\} \cdot P\{X_2=x_2\} \cdots P\{X_n=x_n\} \\
&= p^{x_1}(1-p)^{1-x_1} \cdot p^{x_2}(1-p)^{1-x_2} \cdots p^{x_n}(1-p)^{1-x_n} \\
&= p^{\sum\limits_{i=1}^{n} x_i}(1-p)^{n-\sum\limits_{i=1}^{n} 1-x_i}
\end{aligned}
$$
这个概率随 p 不同而变。自然应该选择使此概率达到最大的 p 的值作为真正不合格率的估计值。记 $L(p)=p^{10}(1-p)^{90}$。用高等数学中求极值的方法,知
$$
\begin{aligned}
L'(p) &= 10p^9(1-p)^{90} - 90p^{10}(1-p)^{89} \\
&= p^9(1-p)^{89}[10(1-p)-90p]=0
\end{aligned}
$$
解得 $\hat{p}=\dfrac{10}{100}$。

此例求解的方法是:选择参数 p 的值使抽得的该样本值出现的可能性最大,用这个值作为未知参数 p 的估计值。这种求估计量的方法称为最大似然估计法,也称为极大似然估计法。显然,在上例中取一个容量为 n 的样本,其中有 m 个不合格品,用最大似然估计法可得 $\hat{p}=\dfrac{m}{n}$。

下面分离散和连续两种总体分布情形介绍最大似然估计法。

（1）离散分布情形

设总体 X 的分布律为 $P\{X=x_i\}=p(x_i;\theta), i=1,2,\cdots$。其中 θ 为未知参数,$(X_1, X_2, \cdots, X_n)$ 为 X 的一个样本,$(x_1, x_2, \cdots, x_n)$ 是样本的观察值。则
$$P\{X_1=x_1, X_2=x_2, \cdots, X_n=x_n\} = \prod_{i=1}^{n} P\{X=x_i\} = \prod_{i=1}^{n} p\{x_i;\theta\}$$
当样本观测值 $(x_1, x_2, \cdots, x_n)$ 给定后,它是 θ 的函数,记作

$$L = L(x_1, x_2, \cdots, x_n; \theta) = \prod_{i=1}^{n} p(x_i; \theta) \tag{3.1.1}$$

并称它为似然函数。使似然函数 L 取得最大值的 $\hat{\theta}$，即满足

$$\max_{\theta} L(x_1, x_2, \cdots, x_n; \theta) = L(x_1, x_2, \cdots, x_n; \hat{\theta})$$

的 $\hat{\theta}$，称为 θ 的最大似然估计值。

怎样求 θ 的最大似然估计值呢？当 L 是 θ 的可微函数时，要使 L 取得最大值，则 θ 必须满足方程

$$\frac{\mathrm{d}L}{\mathrm{d}\theta} = 0 \tag{3.1.2}$$

从此方程解得 θ，再把 θ 换成 $\hat{\theta}$ 即可。

由于 L 与 $\ln L$ 在同一处取得最大值，所以 $\hat{\theta}$ 可由方程

$$\frac{\mathrm{d}\ln L}{\mathrm{d}\theta} = 0 \tag{3.1.3}$$

求得。这往往比直接用式(3.1.2)求 $\hat{\theta}$ 来得方便。式(3.1.2)称为似然方程；式(3.1.3)称为对数似然方程。显然，用最大似然估计法得到的参数 θ 的估计值 $\hat{\theta}$ 与样本观测值$(x_1, x_2, \cdots, x_n)$的取值有关，故可记作 $\hat{\theta} = \hat{\theta}(x_1, x_2, \cdots, x_n)$。$\hat{\theta}(X_1, X_2, \cdots, X_n)$ 称为 θ 的最大似然估计量。

综上所述，求参数 θ 的最大似然估计的步骤归纳如下：

第一步，根据总体概率分布(若是连续型变量，则根据概率密度)构造似然函数：$L(x_i; \theta) = \prod_{i=1}^{n} p(x_i; \theta)$；

第二步，对似然函数取对数；

第三步，对数似然函数 $\ln L$ 对 θ 求导数(若同时估计总体的 m 个未知参数 $\theta_i (i = 1, 2, \cdots, m)$，则对数似然函数 $\ln L$ 分别对 θ_i 求偏导数)，并令 $\frac{\mathrm{d}\ln L}{\mathrm{d}\theta} = 0$；

第四步，从上式中解出 θ，由于 θ 是样本的函数，所以是 θ 的估计量，记为 $\hat{\theta}$；

第五步，将样本观测值代入 $\hat{\theta}$，得到总体参数 θ 的估计值。

例 3.1.6 设总体 X 服从泊松分布，其分布律为 $P\{X = x\} = \dfrac{\lambda^x \mathrm{e}^{-\lambda}}{x!}, x = 0, 1, 2, \cdots$。$(X_1, X_2, \cdots, X_n)$ 是 X 的一个样本，试求 λ 的最大似然估计量。

解 按式(3.1.1)，似然函数为

$$L = \prod_{i=1}^{n} \frac{\lambda^{x_i} \mathrm{e}^{-\lambda}}{x_i!} = \frac{\lambda^{x_1 + x_2 + \cdots + x_n}}{x_1! x_2! \cdots x_n!} \mathrm{e}^{-n\lambda}$$

取对数得

$$\ln L = \left(\sum_{i=1}^{n} x_i\right) \ln \lambda - n\lambda - \sum_{i=1}^{n} \ln(x_i!)$$

对 λ 求导得对数似然方程

$$\frac{\mathrm{d}\ln L}{\mathrm{d}\theta} = \frac{1}{\lambda}\sum_{i=1}^{n}x_i - n = 0$$

由此得 λ 的最大似然估计值为

$$\hat{\lambda} = \frac{1}{n}\sum_{i=1}^{n}x_i = \overline{x}$$

λ 的最大似然估计量为

$$\hat{\lambda} = \frac{1}{n}\sum_{i=1}^{n}x_i = \overline{X}$$

（2）连续分布情形

设总体 X 的分布密度为 $f(x;\theta)$，θ 为未知参数，$(x_1,x_2,\cdots,x_n)$ 为 X 的一个样本观测值，以 $f(x_i;\theta)$ 代替式（3.1.1）中的 $p(x_i;\theta)$，得似然函数

$$L(x_1,x_2,\cdots,x_n;\theta) = \prod_{i=1}^{n}f(x_i;\theta) \tag{3.1.4}$$

再按（1）离散分布情形中的方法和步骤便可求得 θ 的最大似然估计值及最大似然估计量。

需要指出，似然函数与联合概率密度函数的区别在于，在式（3.1.4）中，若 θ 是已知的，则为联合概率密度函数；若 θ 是未知的，则为似然函数。

例 3.1.7 设某种电子元件的寿命服从指数分布，其分布密度为

$$f(x;\lambda) = \begin{cases} \lambda\mathrm{e}^{-\lambda x}, & x \geq 0 \\ 0, & x < 0 \end{cases}$$

今测得 n 个元件的寿命为 $x_1,x_2,\cdots,x_n$，试求 λ 的最大似然估计值。

解 按式（3.1.4），似然函数为

$$L = \prod_{i=1}^{n}\lambda\mathrm{e}^{-\lambda x_i} = \lambda^n\mathrm{e}^{-\lambda(x_1+x_2+\cdots+x_n)}$$

取对数得

$$\ln L = n\ln\lambda - \lambda\sum_{i=1}^{n}x_i$$

对 λ 求导得对数似然方程

$$\frac{\mathrm{d}\ln L}{\mathrm{d}\lambda} = \frac{n}{\lambda} - \sum_{i=1}^{n}x_i$$

由此解得 λ 的最大似然估计值

$$\hat{\lambda} = \frac{n}{\sum\limits_{i=1}^{n}x_i} = \frac{1}{\overline{x}}$$

例 3.1.8 设总体 X 具有均匀分布，其密度为

$$f(x;\theta) = \begin{cases} \dfrac{1}{\theta}, & 0 \leq x \leq \theta \\ 0, & \text{其他} \end{cases}$$

其中，未知参数 $\theta > 0$，试求 θ 的极大似然估计量。

解 样本值为 $(x_1,x_2,\cdots,x_n)$，而

$$f(x_i,\theta) = \begin{cases} \dfrac{1}{\theta}, & 0 \leq x_i \leq \theta \\ 0, & \text{其他} \end{cases}$$

似然函数

$$L = \begin{cases} \dfrac{1}{\theta^n}, & 0 \leqslant \min\limits_{1 \leqslant i \leqslant n} x_i \leqslant \max\limits_{1 \leqslant i \leqslant n} x_i \leqslant \theta \\ 0, & \text{其他} \end{cases}$$

选取 θ 的值使 L 达到最大,只要取

$$\theta = \max\limits_{1 \leqslant i \leqslant n} x_i$$

改写成

$$\hat{\theta} = \max\limits_{1 \leqslant i \leqslant n} x_i \text{ 或 } \hat{\theta} = \max\limits_{1 \leqslant i \leqslant n} X_i$$

一般来说,设总体 X 的分布中含有 m 个未知参数 $\theta_1, \theta_2, \cdots, \theta_m$,其似然函数为

$$L = L(x_1, x_2, \cdots, x_n; \theta_1, \theta_2, \cdots, \theta_m)$$

则似然方程组为

$$\begin{cases} \dfrac{\partial L}{\partial \theta_1} = 0 \\ \dfrac{\partial L}{\partial \theta_2} = 0 \\ \cdots \\ \dfrac{\partial L}{\partial \theta_m} = 0 \end{cases} \tag{3.1.5}$$

对数似然方程组为

$$\begin{cases} \dfrac{\partial \ln L}{\partial \theta_1} = 0 \\ \dfrac{\partial \ln L}{\partial \theta_2} = 0 \\ \cdots \\ \dfrac{\partial \ln L}{\partial \theta_m} = 0 \end{cases} \tag{3.1.6}$$

由式(3.1.5)或式(3.1.6)解得的 $\hat{\theta}_1, \hat{\theta}_2, \cdots, \hat{\theta}_m$ 分别称为参数 $\theta_1, \theta_2, \cdots, \theta_m$ 的最大似然估计量。

例 3.1.9 设正态总体 X 具有分布 $N(\mu, \sigma^2)$,其中 μ 和 σ^2 是未知参数,试求 μ 和 σ^2 的最大似然估计量。

解 因为

$$f(x_i) = \frac{1}{\sqrt{2\pi}\sigma} e^{-\frac{(x_i - \mu)^2}{2\sigma^2}}$$

似然函数为

$$L = \prod_{i=1}^{n} \frac{1}{\sqrt{2\pi}\sigma} e^{-\frac{(x_i - \mu)^2}{2\sigma^2}} = \left(\frac{1}{\sqrt{2\pi}\sigma}\right)^n e^{-\frac{1}{2\sigma^2} \sum\limits_{i=1}^{n} (x_i - \mu)^2}$$

取对数得

$$\ln L = -\ln(\sqrt{2\pi})^n - \frac{n}{2}\ln \sigma^2 - \frac{1}{2\sigma^2} \sum_{i=1}^{n} (x_i - \mu)^2$$

求导得对数似然方程组为

$$\begin{cases} \dfrac{\partial \ln L}{\partial \mu} = \dfrac{1}{\sigma^2} \sum_{i=1}^{n} (x_i - \mu) = 0 \\[3mm] \dfrac{\partial \ln L}{\partial \sigma^2} = -\dfrac{n}{2} \cdot \dfrac{1}{\sigma^2} - \dfrac{1}{2(\sigma^2)^2} \sum_{i=1}^{n} (x_i - \mu)^2 = 0 \end{cases}$$

解方程组得

$$\mu = \frac{1}{n} \sum_{i=1}^{n} x_i = \overline{x}, \sigma^2 = \frac{1}{n} \sum_{i=1}^{n} (x_i - \overline{x})^2$$

改写为

$$\hat{\mu} = \overline{X}, \quad \hat{\sigma}^2 = \frac{1}{n} \sum_{i=1}^{n} (X_i - \overline{X})^2$$

需要指出,最大似然估计法不仅利用了样本所提供的信息,同时也利用了总体分布的表达式所提供的关于参数 $\theta_1, \theta_2, \cdots, \theta_m$ 的信息。因此最大似然估计法得到的估计量的精度一般比矩估计法高,而且它的适用范围也比较广,到目前为止,在理论上它仍是参数点估计的一种最重要的方法。

3. 顺序统计量法

实际上,常用的顺序统计量是样本中位数和样本极差。顺序统计量法直观地来讲就是用样本中位数 M_e 估计总体中位数,用样本极差 R 估计总体标准差。在总体为连续型且分布密度为对称的情形,总体中位数也就是期望值。特别对正态总体 $N(\mu, \sigma^2)$,关于样本中位数的下面结果能使我们更好地认识这种估计法。

定理 设 $(X_1, X_2, \cdots, X_n)$ 是来自正态总体 $N(\mu, \sigma^2)$ 的样本,M_e 是样本中位数,则有

$$\sqrt{\frac{2n}{\pi\sigma^2}}(M_e - \mu) \rightarrow N(0,1) \quad (n \rightarrow \infty)$$

证明略。

此定理表明:$\sqrt{\dfrac{2n}{\pi\sigma^2}}(M_e - \mu)$ 渐近标准正态分布 $N(0,1)$,从而当 n 充分大时,M_e 近似服从 $N\left(\mu, \dfrac{\pi\sigma^2}{2n}\right)$,$n$ 越大,M_e 落在 μ 的附近的概率就越大。所以,当 n 充分大时,可用样本中位数 M_e 作为均值 μ 的估计,即 $\hat{\mu} = M_e$。

例 3.1.10 设某种灯泡寿命 $X \sim N(\mu, \sigma^2)$,其中参数 μ 和 σ^2 未知,为了估计平均寿命 μ,随机抽取 7 只灯泡测得寿命(单位:h)为

$$1\,575 \quad 1\,503 \quad 1\,346 \quad 1\,630 \quad 1\,575 \quad 1\,453 \quad 1\,950$$

(1)用顺序统计量法估计 μ;

(2)用矩估计法及最大似然估计法估计 μ。

解 (1)顺序统计量 $(X_{(1)}, X_{(2)}, \cdots, X_{(n)})$ 的观测值分别为 $1\,346, 1\,453, 1\,503, 1\,575, 1\,575, 1\,630, 1\,950$。因为 $n=7$,所以

$$\hat{\mu} = M_e = x_{(4)} = 1\,575$$

(2)当总体 $X \sim N(\mu, \sigma^2)$ 时,用矩估计法及最大似然法去估计 μ 都得

$$\hat{\mu} = \bar{x} = \frac{1}{7} \sum_{i=1}^{7} x_i = 1\ 576$$

当总体均值 μ 能够用样本中位数 M_e 估计时,用 M_e 估计有以下优点:只要 $E(X)$ 存在而不需要利用总体 X 的分布;计算简便;样本中位数 M_e 的观测值不易受个别异常数据的影响。

例如,在寿命试验的样本值中,发现某一数据异常小(譬如,在例 3.1.10 中,由于粗心,把数据 1 346 误记录为 134),在进行统计推断时一定会提疑问:这个异常小的数据是总体 X 的随机性造成的,还是受外来干扰造成的呢?如果原因属于后者(如记录错误),那么用样本均值 $\bar{x}$ 估计 $E(X)$ 显然就要受到影响,但用样本中位数 M_e 估计 $E(X)$ 时,由于一个(甚至几个)异常数据不易改变中位数 M_e 的取值,所以估计值不易受影响。特别在寿命试验中,个别样本寿命很长,这是常有的现象,若等待 n 个寿命试验全部结束,然后计算 $\bar{x}$ 作为平均寿命的估计值,花的时间就较多;如果用 M_e 估计总体均值 $E(X)$,那么将 n 个试验同时进行,只要有超过半数的试验得到了寿命数据,无论其余试验结果如何,都可得到样本中位数的观测值 M_e,因此得 $\hat{\mu} = M_e$,若没有别的需求,寿命试验即可结束。

类似的,可用极差 $R = x_{(n)} - x_{(1)}$ 作为总体标准差 $\sqrt{D(X)}$ 的估计量,即

$$\sqrt{D(X)} = R = X_{(n)} - X_{(1)} \quad (n \leqslant 10)$$

这种估计称为极差估计法。

用样本极差 R 来估计 $\sqrt{D(X)}$,计算很简单,但不如用 S 来得可靠。一般情况下,这种估计仅在 $n \leqslant 10$ 时使用。

3.2 估计量的评价标准

上一节我们介绍了三种参数点估计的方法。对于同一参数,采用不同的方法来估计,可能得到不同的估计量。究竟采用哪种方法好呢?所谓"好"的标准又是什么呢?下面介绍三种常用的评价标准。

3.2.1 无偏性

定义 3.2.1 若参数 θ 的估计量 $\hat{\theta}$ 满足 $E(\hat{\theta}) = \theta$,则称 $\hat{\theta}$ 是 θ 的无偏估计。

无偏性是对估计量的最基本的要求。从直观上讲,如果对同一总体抽取容量相同的多个样本,得到的估计量就有多个值,那么这些值的平均值应等于被估计参数。这种要求在工程技术上是完全合理的。

如果 $E(\hat{\theta}) \neq \theta$,那么 $E(\hat{\theta}) - \theta$ 称为估计量 $\hat{\theta}$ 的偏差。若 $\lim E(\hat{\theta}) = \theta$,则称 $\hat{\theta}$ 是 θ 的渐近无偏估计(量)。

例 3.2.1 设总体 X 的一阶和二阶矩存在,分布是任意的。记 $E(X) = \mu, D(X) = \sigma^2$,试问 $\bar{X}$ 和 S^2 是否是 μ 和 σ^2 的无偏估计量?

解 因为

$$E(\bar{X}) = E\left(\frac{1}{n} \sum_{i=1}^{n} X_i\right) = \frac{1}{n} \sum_{i=1}^{n} E(X_i) = \frac{1}{n} n\mu = \mu$$

故 $\overline{X}$ 是 μ 的无偏估计量。

又因为

$$
\begin{aligned}
E(S^2) &= E\Big\{\frac{1}{n-1}\sum_{i=1}^{n}(X_i-\overline{X})^2\Big\} \\
&= \frac{1}{n-1}E\Big\{\sum_{i=1}^{n}\big[(X_i-\mu)-(\overline{X}-\mu)\big]^2\Big\} \\
&= \frac{1}{n-1}E\Big\{\sum_{i=1}^{n}(X_i-\mu)^2-2\sum_{i=1}^{n}(X_i-\mu)(\overline{X}-\mu)+n(\overline{X}-\mu)^2\Big\} \\
&= \frac{1}{n-1}E\Big\{\sum_{i=1}^{n}(X_i-\mu)^2-n(\overline{X}-\mu)^2\Big\} \\
&= \frac{1}{n-1}\Big\{\sum_{i=1}^{n}D(X_i)-nD(\overline{X})\Big\} \\
&= \frac{1}{n-1}\{n\sigma^2-\sigma^2\} \\
&= \frac{1}{n-1}\sigma^2\{n-1\} \\
&= \sigma^2
\end{aligned}
$$

故 S^2 也是 σ^2 的无偏估计量。

需要指出，在许多教材中样本方差用 $S^2=\frac{1}{n}\sum_{i=1}^{n}(X_i-\overline{X})^2$。注意它不是 σ^2 的无偏估计量，而只能是 σ^2 的渐近无偏估计量。当 $n\to\infty$ 时，$\frac{1}{n}\sum_{i=1}^{n}(X_i-\overline{X})^2\approx\frac{1}{n-1}\sum_{i=1}^{n}(X_i-\overline{X})^2$。而当 n 较小时，用 $\frac{1}{n}\sum_{i=1}^{n}(X_i-\overline{X})^2$ 估计 σ^2 偏差较大。因此，当样本容量较小时，一般用 $\frac{1}{n-1}\sum_{i=1}^{n}(X_i-\overline{X})^2$ 作为 σ^2 的估计量。

3.2.2 有效性

定义 3.2.2 设 $\hat{\theta}_1$ 和 $\hat{\theta}_2$ 是同一参数 θ 的两个无偏估计量，若对于任意样本容量 n 有 $D(\hat{\theta}_1)>D(\hat{\theta}_2)$，则称 $\hat{\theta}_1$ 较 $\hat{\theta}_2$ 有效。

例如，$\hat{\mu}_1=X_1$ 和 $\hat{\mu}_2=\overline{X}=\frac{1}{n}\sum_{i=1}^{n}X_i(n>1)$ 都是 $\mu=E(X)$ 的无偏估计量，由于

$$
D(\hat{\mu}_2)=D\Big(\frac{1}{n}\sum_{i=1}^{n}X_i\Big)=\frac{D(X)}{n}<D(\hat{\mu}_1)=D(X)
$$

所以 $\hat{\mu}_2$ 较 $\hat{\mu}_1$ 有效。从这个意义上讲，我们愿用 $\hat{\mu}_2=\overline{X}$，而不用 $\hat{\mu}_1=X_1$ 作为 μ 的估计量。

例 3.2.2 比较 $\overline{X}$ 与 $\hat{\mu}_1=\sum_{i=1}^{n}a_iX_i$ 的有效性，其中 a_i 为正常数，$i=1,2,\cdots,n$，且 $\sum_{i=1}^{n}a_i=1$。

解 显然，当 $a_1=a_2=\cdots=a_n=\frac{1}{n}$ 时，$\hat{\mu}_1=\overline{X}$。现设所有 a_i 不全相等。前面已证明 $\overline{X}$

是总体均值 μ 的无偏估计量,且计算得 $D(\overline{X}) = \dfrac{1}{n}\sigma^2$,而

$$D(\hat{\mu}_1) = D\left(\sum_{i=1}^{n} a_i X_i\right) = \sum_{i=1}^{n} a_i^2 D(X_i) = \sigma^2 \sum_{i=1}^{n} a_i^2$$

利用不等式 $a_i^2 + a_j^2 \geqslant 2a_i a_j$(当且仅当 $a_i = a_j$ 时等式成立)可得

$$\left(\sum_{i=1}^{n} a_i\right)^2 = \sum_{i=1}^{n} a_i^2 + \sum_{i<j} 2a_i a_j < \sum_{i=1}^{n} a_i^2 + \sum_{i<j}(a_i^2 + a_j^2) = n\sum_{i=1}^{n} a_i^2$$

若 $\displaystyle\sum_{i=1}^{n} a_i = 1$,则由上式可得

$$\sum_{i=1}^{n} a_i^2 > \frac{1}{n}$$

可见 $\sigma^2 \displaystyle\sum_{i=1}^{n} a_i^2 > \dfrac{1}{n}\sigma^2$,故

$$D(\hat{\mu}_1) > D(\overline{X})$$

这表明,$\overline{X}$ 比 $\hat{\mu}_1$ 更有效。

显然,当 $\mu \neq 0$ 时,μ 的任何线性无偏估计量必有本例中的 $\hat{\mu}_1$ 的形式,所以本例也表明 $\overline{X}$ 是总体均值 μ 的所有线性无偏估计量中最有效的一个无偏估计量,也就是说,样本均值是总体均值的最小方差无偏估计量。

研究最小方差无偏估计量是否存在以及存在的情况下如何寻找是一个比较复杂的问题。在这里不进行讨论,下面不加证明地给出两个结果:

(1)频率是概率的最小方差无偏估计量。

(2)对于正态总体 $N(\mu,\sigma^2)$,$\overline{X}$ 和 S^2 分别是 μ 和 σ^2 的最小方差无偏估计量。

由此我们不难理解,在实际工作中人们为什么根据样本不合格率作为全部产品(总体)不合格率的估计量,用样本均值、样本方差分别作为总体均值、总体方差的估计量。

3.2.3　一致性

定义 3.2.3　设 $\hat{\theta}(X_1, X_2, \cdots, X_n)$ 为总体未知参数 θ 的估计量,若对任意 $\varepsilon > 0$,有 $\lim\limits_{n \to \infty} P\{|\hat{\theta} - \theta| < \varepsilon\} = 1$,则称 $\hat{\theta}$ 为 θ 的一致估计量。

例 3.2.3　设总体 X 的期望 μ 和方差 σ^2 均存在,$(X_1, X_2, \cdots, X_n)$ 为总体的一个样本,试证样本平均数 $\overline{X} = \dfrac{1}{n} \displaystyle\sum_{i=1}^{n} X_i$ 是 μ 的一致估计量。

证　根据大数定理知,对任意 $\varepsilon > 0$,有

$$\lim_{n \to \infty} P\left\{\left|\frac{1}{n}\sum_{i=1}^{n} X_i - EX\right| < \varepsilon\right\} = 1$$

即

$$\lim_{n \to \infty} P\{|\overline{X} - \mu| < \varepsilon\} = 1$$

故 $\overline{X}$ 是 μ 的一致估计量。

同理可以证明,样本方差 $S^2 = \dfrac{1}{n-1} \displaystyle\sum_{i=1}^{n} (X_i - \overline{X})^2$ 是总体方差 σ^2 的一致估计量。

3.3 区 间 估 计

什么叫作参数区间估计？如前所述，参数的点估计（定值估计）是由样本求出未知参数的一个估计值，而区间估计则要由样本给出参数值的一个估计范围。例如，某批产品的不合格率估计在 1% 到 3% 之间，某物体长度估计在 $10.6\ \mathrm{mm}$ 到 $11.0\ \mathrm{mm}$ 范围之间，等等。由于数理统计中未知参数所在范围是依据一个样本作出来的，没有百分之百的把握，只能对一定可靠程度（概率）而言，例如以 95% 的概率估计未知参数 θ 在 1.2 到 1.5 之间。因此，参数的区间估计就是由样本给出参数的估计范围，并使未知参数在这个范围中具有指定的概率。下面通过实例具体介绍区间估计的方法。

例 3.3.1 已知某炼铁厂的铁水含碳量（$\%$）在正常情况下服从正态分布，且标准差 $\sigma=0.108$。现测量五炉铁水，其含碳量分别是 $4.28,4.40,4.42,4.35,4.37$，试以概率 95% 对总体均值 μ 作区间估计。

首先建立此例的数学模型。设总体 X 的分布是 $N(\mu,\sigma_0{}^2)$，σ_0 已知，从总体中随机地抽得样本 $(X_1,X_2,\cdots,X_n)$，要求以概率 $1-\alpha(0<\alpha<1)$ 对总体均值 μ 作区间估计。

记总体分布为 $N(\mu,\sigma_0^2)$。考察样本 $X_1,X_2,\cdots,X_n$，自然可用样本均值 $\overline{X}$ 估计 μ，由抽样分布定理知 $\bar{x}$ 服从正态分布 $N\left(\mu,\dfrac{\sigma_0^2}{n}\right)$，因而

$$u=\frac{\overline{X}-\mu}{\dfrac{\sigma_0}{\sqrt{n}}}\sim N(0,1) \tag{3.3.1}$$

对于给定概率 $1-\alpha(0<\alpha<1)$，则存在 $u_{\alpha/2}$ 使

$$P\{|u|<u_{\alpha/2}\}=1-\alpha \tag{3.3.2}$$

从图 3.3.1 容易看出，$u_{\alpha/2}$ 是标准正态分布的上 $\dfrac{\alpha}{2}$ 分位数，它的数值可以用 R 或 Excel 计算或查表得到。

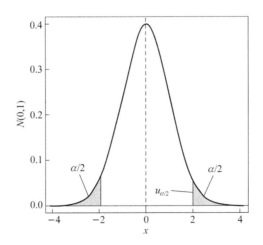

图 3.3.1　标准正态分布的双侧 $\dfrac{\alpha}{2}$ 分位数图

把 u 的表示式(3.3.1)代入式(3.3.2)得

$$P\left\{\left|\frac{\overline{X}-\mu}{\sigma_0/\sqrt{n}}\right|<u_{\alpha/2}\right\}=1-\alpha$$

即

$$P\left\{-u_{\alpha/2}<\frac{\overline{X}-\mu}{\sigma_0/\sqrt{n}}<u_{\alpha/2}\right\}=1-\alpha \qquad (3.3.3)$$

可改写为

$$P\left\{-u_{\alpha/2}\frac{\sigma_0}{\sqrt{n}}<\overline{X}-\mu<u_{\alpha/2}\frac{\sigma_0}{\sqrt{n}}\right\}=1-\alpha$$

故 μ 的 $1-\alpha$ 置信区间为

$$\left(\overline{X}-u_{\alpha/2}\frac{\sigma_0}{\sqrt{n}},\overline{X}+u_{\alpha/2}\frac{\sigma_0}{\sqrt{n}}\right)$$

$\overline{X}-u_{\alpha/2}\dfrac{\sigma_0}{\sqrt{n}}$ 和 $\overline{X}+u_{\alpha/2}\dfrac{\sigma_0}{\sqrt{n}}$ 分别称为 μ 的置信下限和置信上限。$1-\alpha$ 称为置信概率或置信度,工业上通常取 $1-\alpha$ 的数值为 90%、95% 或 99%。

在例 3.3.1 中,$\sigma_0=0.108$,$n=5$,由样本数值算得样本均值 $\bar{x}=4.364$,由 $1-\alpha=0.95$,R 计算得 $u_{\alpha/2}=1.96$,把这些数值代入式(3.3.3)得

$$4.364-1.96\times\frac{0.108}{\sqrt{5}}<\mu<4.364+1.96\times\frac{0.108}{\sqrt{5}}$$

即 μ 的置信区间是(4.269,4.459),置信度为 0.95。

基于 R 的求解方法一:

```
x<-c(4.28,4.40,4.42,4.35,4.37) #写成数据向量
alpha<-0.05                     #给 alpha 赋值
sigma0<-0.108                   #给 sigma0 赋值
mean(x)-qnorm(1-alpha/2)*sigma0/sqrt(length(x)) #计算置信区间下限
[1] 4.269336
mean(x)+qnorm(1-alpha/2)*sigma0/sqrt(length(x)) #计算置信区间上限
[1] 4.458664
```

基于 R 的求解方法二:

```
library(BSDA) #加载程序包 BSDA
z.test(x,sigma.x = 0.108,y = NULL,conf.level = 0.95,alternative = "two.sided")
```

```
        One-sample z-Test

data: x
z = 90.354, p-value < 2.2e-16
alternative hypothesis: true mean is not equal to 0
```

95 percent confidence interval：

4.269336 4.458664

sample estimates：

mean of x

4.364

注：两种做法结果相同。

怎样理解 μ 的置信度为 95% 的置信区间为 $(4.269,4.459)$ 呢？这个结果是由式(3.3.3) 得到的，式(3.3.3)说明随机区间 $\left(\overline{X}-u_{a/2}\dfrac{\sigma_0}{\sqrt{n}},\overline{X}+u_{a/2}\dfrac{\sigma_0}{\sqrt{n}}\right)$ 覆盖 μ 的可能性是 95%（$1-\alpha=0.95$），亦即反复抽容量为 100 的样本算得 μ 的置信区间，平均有 95 个置信区间包含真正的参数 μ。因而，对于一次抽样后由样本算得的置信区间，我们可以认为该置信区间是这些区间中的一个。置信区间的长短刻画估计参数的精确程度，人们习惯用置信区间长度的一半作为估计的精度。置信度表示未知参数落在置信区间中的可靠程度。

由式(3.3.3)可见置信区间的中心是 $\overline{X}$，置信区间的长度等于 $2u_{a/2}\dfrac{\sigma_0}{\sqrt{n}}$。如果在式(3.3.2) 中 u 的取值改为关于原点不对称的区间，即取 u_1 和 u_2 使 $P\{u_1<u<u_2\}=1-\alpha$，利用式(3.3.1)可得

$$P\left\{u_1<\dfrac{\overline{X}-\mu}{\sigma_0}\sqrt{n}<u_2\right\}=1-\alpha$$

这样获得 μ 的置信区间 $\left(\overline{X}-u_1\dfrac{\sigma_0}{\sqrt{n}},\overline{X}+u_2\dfrac{\sigma_0}{\sqrt{n}}\right)$ 的中心不是 $\overline{X}$。可以证明 $u_2-u_1>2u_{a/2}$，所以此法得到的置信区间长度 u_2-u_1 大于用前面方法得到的置信区间长度 $2u_{a/2}\dfrac{\sigma_0}{\sqrt{n}}$，这说明用前面方法所得到的置信区间在众多置信区间中是最小的，因此估计的精确度最高，故前一方法较为合理。

哪些因素影响置信区间长度 $2u_{a/2}\dfrac{\sigma_0}{\sqrt{n}}$ 呢？当 n 一定时，如果置信度 $1-\alpha$ 愈大，则 $u_{a/2}$ 愈大，故置信区间愈长。

对于一定容量的样本，要估计的可靠程度愈高，估计的范围当然愈大；反过来，要求估计范围小就要冒一定风险。当 α 一定时，n 愈大，置信区间愈短，这与直观也一致，取样越多，估计当然愈精确。

求出置信区间的方法是：首先确定待估参数 μ，再求出未知参数 μ 的估计量 $\overline{X}$，由未知参数 μ 和估计量 $\overline{X}$ 作出函数 u，它的分布是已知的，且与未知参数 μ 无关；然后根据给定的置信度与函数 u 的分布推导出置信区间，这种方法具有一定的普遍性。

一般的，设总体 X 的分布函数是 $F(x;\theta)$，其中 θ 是未知参数。从总体中抽取样本 $(X_1,X_2,\cdots,X_n)$，作统计量 $\theta_1(X_1,X_2,\cdots,X_n)$ 和 $\theta_2(X_1,X_2,\cdots,X_n)$，使

$$P\{\theta_1<\theta<\theta_2\}=1-a$$

其中 (θ_1,θ_2) 称为 θ 的置信区间，θ_1 和 θ_2 分别称为置信下限和置信上限，$1-\alpha$ 称为置信度。

下面分各种情况对总体平均数和方差作区间估计。

3.4 正态总体均值与方差的区间估计

3.4.1 单一正态总体均值与方差的区间估计

1. 单一正态总体均值的区间估计

单一正态总体均值的区间估计一般分为两种情况：一，总体方差 σ^2 已知，求 μ 的置信区间；二，总体方差 σ^2 未知，求 μ 的置信区间。下面对这两种情况分别介绍。

（1）总体方差 σ^2 已知，求其均值 μ 的置信区间

设 $(X_1, X_2, \cdots, X_n)$ 为总体 $X \sim N(\mu, \sigma^2)$ 的一个样本，已知方差 $\sigma^2 = \sigma_0^2$（σ_0^2 已知），求 μ 的 $1-\alpha$ 置信区间。

此问题的解决方法与例 3.3.1 完全相同，故不再讨论，这里只给出求 μ 的 $1-\alpha$ 置信区间公式。

$$\left(\overline{X} - u_{\alpha/2}\frac{\sigma_0}{\sqrt{n}}, \overline{X} + u_{\alpha/2}\frac{\sigma_0}{\sqrt{n}}\right) \tag{3.4.1}$$

其中，$\overline{X} - u_{\alpha/2}\dfrac{\sigma_0}{\sqrt{n}}$ 为置信下限，$\overline{X} + u_{\alpha/2}\dfrac{\sigma_0}{\sqrt{n}}$ 为置信上限。

例 3.4.1 一批保险丝中随机抽取 16 根，测得其熔化时间（单位：s）为

$$65 \quad 75 \quad 78 \quad 87 \quad 48 \quad 68 \quad 72 \quad 80$$
$$81 \quad 54 \quad 51 \quad 77 \quad 65 \quad 57 \quad 60 \quad 78$$

设这批保险丝的熔化时间服从正态分布 $N(\mu, 2^2)$，试求 μ 的 95% 置信区间。

解 已知

$$n = 16, \quad \sigma = 2, \quad 1-\alpha = 95\%, \quad \alpha = 0.05$$

样本均值

$$\overline{x} = \frac{1}{16}(65+75+78+87+48+68+72+80+81+54+51+77+65+57+60+78) = 68.5$$

查附表 2 得

$$u_{\alpha/2} = u_{0.025} = 1.96$$

则置信下限为

$$\overline{X} - u_{\alpha/2}\frac{\sigma_0}{\sqrt{n}} = 68.5 - 1.96 \times \frac{2}{4} = 63.52$$

置信上限为

$$\overline{X} + u_{\alpha/2}\frac{\sigma_0}{\sqrt{n}} = 68.5 + 1.96 \times \frac{2}{4} = 69.48$$

故 μ 的 95% 置信区间为 (63.52, 69.48)。

基于 R 的求解方法之一如下：

```
x<-c(65,75,78,87,48,68,72,80,81,54,51,77,65,57,60,78)
library(BSDA) #加载程序包 BSDA
```

```
z.test(x,sigma.x = 2,y = NULL,conf.level = 0.95,alternative = "two.sided")
One - sample z-Test
data： x
z = 137，p-value < 2.2e - 16
alternative hypothesis：true mean is not equal to 0
95 percent confidence interval：
63.52002 69.47998
sample estimates：
mean of x
     68.5
```

（2）总体方差 σ^2 未知,求均值 μ 的置信区间

设 $(X_1,X_2,\cdots,X_n)$ 为总体 $X \sim N(\mu,\sigma^2)$ 的一个样本,方差 σ^2 为未知,求 μ 的 $1-\alpha$ 置信区间。

由于 σ^2 未知,不能根据式(3.3.3)来求 μ 的置信区间,在这种情况下,自然应考虑用样本方差 S^2 来估计 σ^2。由式(2.3.10)知

$$t = \frac{\overline{X} - \mu}{\frac{S}{\sqrt{n}}} \sim t(n-1) \tag{3.4.2}$$

于是,利用 t 分布,可导出对正态总体均值 μ 的区间估计。对于给定的 $\alpha(0<\alpha<1)$,存在 $t_{\frac{\alpha}{2}}(n-1)$ 使

$$P\{-t_{\frac{\alpha}{2}}(n-1)<t<t_{\frac{\alpha}{2}}(n-1)\}=1-\alpha \tag{3.4.3}$$

由图 3.4.1 可见,这里的 $t_{\frac{\alpha}{2}}(n-1)$ 是自由度为 $n-1$ 的 t 分布的 $100 \cdot \frac{\alpha}{2}\%$ 分位数。由 t 分布表可查得 $t_{\frac{\alpha}{2}}(n-1)$ 的数值。

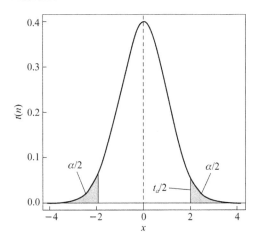

图 3.4.1 t 分布的双侧分位数图

把 t 变量代入式(3.4.3)得

$$P\left\{-t_{\frac{a}{2}}(n-1)<\frac{\overline{X}-\mu}{S/\sqrt{n}}<t_{\frac{a}{2}}(n-1)\right\}=1-\alpha$$

可改写为

$$P\left\{-t_{1-\frac{a}{2}}(n-1)\frac{S}{\sqrt{n}}<\overline{X}-\mu<t_{1-\frac{a}{2}}(n-1)\frac{S}{\sqrt{n}}\right\}=1-a$$

$$P\left\{-t_{\frac{a}{2}}(n-1)\frac{S}{\sqrt{n}}<\overline{X}-\mu<t_{\frac{a}{2}}(n-1)\frac{S}{\sqrt{n}}\right\}=1-\alpha \tag{3.4.4}$$

故 μ 的 $1-a$ 置信区间为

$$\left(\overline{X}-t_{\frac{a}{2}}(n-1)\frac{S}{\sqrt{n}},\overline{X}+t_{\frac{a}{2}}(n-1)\frac{S}{\sqrt{n}}\right) \tag{3.4.5}$$

例 3.4.2 用某种仪器间接测量温度,重复测量 5 次得温度(单位:℃)数据如下:

1 250　1 265　1 245　1 260　1 275

假定仪器无系统误差,测量值 X 服从正态分布,试以 95% 的置信度估计温度真值的置信区间。

解 用 μ 表示温度真值,在测量仪器无系统误差的前提下,$E(X)=\mu$。这时测量值的不同完全是由于随机因素造成的,由于 $X\sim N(\mu,\sigma^2)$,因此这一问题实际上就是未知 σ^2 估计 μ 的置信区间。

由题意知,$n=5$,$\alpha=5\%$,查 t 分布表得

$$t_{1-\frac{a}{2}}(n-1)=t_{0.975}(4)=2.776$$

样本均值

$$\overline{x}=\frac{1}{5}(1\,250+1\,265+1\,245+1\,260+1\,275)=1\,259$$

样本方差

$$s^2=\frac{1}{4}\big[(1\,250-1\,259)^2+(1\,265-1\,259)^2+(1\,245-1\,259)^2+$$
$$(1\,260-1\,259)^2+(1\,275-1\,259)^2\big]=142.5$$

则置信下限

$$\overline{x}-t_{1-\frac{a}{2}}(n-1)\frac{s}{\sqrt{n}}=1\,259-2.776\times\sqrt{\frac{142.5}{5}}=1\,244.18$$

置信上限

$$\overline{x}+t_{1-\frac{a}{2}}(n-1)\frac{s}{\sqrt{n}}=1\,259+2.776\times\sqrt{\frac{142.5}{5}}=1\,273.82$$

故 μ 的 95% 置信区间为(1 244.18,1 273.82)。

基于 R 的求解方法之一如下:

```
x<-c(1250,1265,1245,1260,1275)
t.test(x)

    One Sample t-test

data: x
```

t = 235.83, df = 4, p-value = 1.939e-09

alternative hypothesis：true mean is not equal to 0

95 percent confidence interval：

1244.178 1273.822

sample estimates：

mean of x

　　1259

2. 单一正态总体方差的区间估计

设正态总体分布是 $N(\mu,\sigma^2)$，其中 μ 和 σ^2 都是未知的。从总体中抽得一样本，试对总体方差 σ^2 或标准差 σ 作区间估计。

总体方差 σ^2 可用样本方差 S^2 作点估计。由前面的定理知：

$$\chi^2 = \frac{(n-1)S^2}{\sigma^2} \sim \chi^2(n-1) \tag{3.4.6}$$

给定置信度 $1-a$，在 $\chi^2(n-1)$ 的分布密度图（如图 3.4.2 所示）中，取左右两侧面积都等于 $\frac{\alpha}{2}$，即

$$P\{\chi^2 < \chi^2_{1-\frac{\alpha}{2}}(n-1)\} = \frac{\alpha}{2} \text{ 和 } P\{\chi^2 \geqslant \chi^2_{\frac{\alpha}{2}}(n-1)\} = \frac{\alpha}{2}$$

于是，中间部分面积等于 $1-\alpha$，即

$$P\{\chi^2_{1-\frac{\alpha}{2}}(n-1) \leqslant \chi^2 \leqslant \chi^2_{\frac{\alpha}{2}}(n-1)\} = 1-\alpha \tag{3.4.7}$$

将式(3.4.6)代入式(3.4.7)得

$$P\left\{\chi^2_{1-\frac{\alpha}{2}}(n-1) < \frac{(n-1)S^2}{\sigma^2} < \chi^2_{\frac{\alpha}{2}}(n-1)\right\} = 1-\alpha$$

故对于置信度 $1-\alpha$，σ^2 的置信区间为

$$\left(\frac{(n-1)S^2}{\chi^2_{\frac{\alpha}{2}}(n-1)}, \frac{(n-1)S^2}{\chi^2_{1-\frac{\alpha}{2}}(n-1)}\right)$$

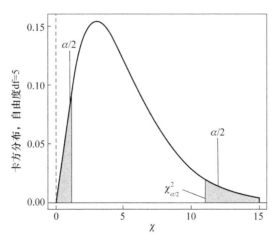

图 3.4.2 卡方分布的双侧分位数图

例 3.4.3 设炮弹速度服从正态分布,现抽 9 发炮弹做试验,得样本方差 $s^2=11$ (m/s)^2,分别求炮弹速度方差 σ^2 和标准差 σ 的置信度为 90％的置信区间。

解 据题意知:$n=9$,$1-\alpha=90\%$,故 $\alpha=10\%$,查 χ^2 分布表得 $\chi^2_{\frac{\alpha}{2}}(8)=2.733$,$\chi^2_{1-\frac{\alpha}{2}}(8)=15.507$。从而,$\sigma^2$ 的置信下限为

$$\frac{(n-1)s^2}{\chi^2_{1-\frac{\alpha}{2}}(n-1)}=\frac{(9-1)\times11}{15.507}=5.675$$

σ^2 的置信上限为

$$\frac{(n-1)s^2}{\chi^2_{\frac{\alpha}{2}}(n-1)}=\frac{(9-1)\times11}{2.733}=32.199$$

故 σ^2 置信度为 90％的置信区间是(5.675,32.199),而 σ 的置信区间是(2.38,5.67)。

3.4.2 两个正态总体均值之差与方差之比的区间估计

在实际中,经常遇到下面的问题:已知产品的某一质量指标服从正态分布,但由于原料、设备条件、操作人员不同,或工艺过程的改变等因素,总体均值、总体方差有所改变。我们需要知道这些变化有多大,这就需要考虑两个正态总体均值之差与方差之比的估计问题。

1. 两个正态总体均值之差的区间估计

设有两个正态总体 $N(\mu_1,\sigma_1^2)$ 和 $N(\mu_2,\sigma_2^2)$,分别从中抽取容量为 n_1 和 n_2 的样本,样本均值分别为 $\overline{X}$ 和 $\overline{Y}$,样本方差分别为 S_1^2 和 S_2^2,并设这两个样本是互相独立的。下面就总体方差的不同情况,来讨论 $\mu_1-\mu_2$ 的置信区间。

(1) 总体方差 σ_1^2 和总体方差 σ_2^2 都已知

由 $\overline{X}$ 和 $\overline{Y}$ 的独立性以及 $\overline{X}\sim N\left(\mu_1,\dfrac{\sigma_1^2}{n_1}\right)$,$\overline{Y}\sim N\left(\mu_2,\dfrac{\sigma_2^2}{n_2}\right)$,知

$$\overline{X}-\overline{Y}\sim N\left(\mu_1-\mu_2,\frac{\sigma_1^2}{n_1}+\frac{\sigma_2^2}{n_2}\right)$$

从而有

$$u=\frac{\overline{X}-\overline{Y}-(\mu_1-\mu_2)}{\sqrt{\dfrac{\sigma_1^2}{n_1}+\dfrac{\sigma_2^2}{n_2}}}\sim N(0,1)$$

对于给定的置信度 $1-\alpha$,查标准正态分布表得 $u_{\frac{\alpha}{2}}$ 的值,使

$$P\{|u|<u_{\frac{\alpha}{2}}\}=1-\alpha$$

其中 $u_{\frac{\alpha}{2}}$ 是标准正态分布的 $100\cdot\dfrac{\alpha}{2}$％分位数。把 u 的表达式代入上式得

$$P\left\{-u_{\frac{\alpha}{2}}<\frac{\overline{X}-\overline{Y}-(\mu_1-\mu_2)}{\sqrt{\dfrac{\sigma_1^2}{n_1}+\dfrac{\sigma_2^2}{n_2}}}<u_{\frac{\alpha}{2}}\right\}=1-\alpha$$

故 $\mu_1-\mu_2$ 的置信区间是

$$\left(\overline{X}-\overline{Y}-u_{\frac{\alpha}{2}}\sqrt{\frac{\sigma_1^2}{n_1}+\frac{\sigma_2^2}{n_2}},<\overline{X}-\overline{Y}+u_{\frac{\alpha}{2}}\sqrt{\frac{\sigma_1^2}{n_1}+\frac{\sigma_2^2}{n_2}}\right)$$

而置信度为 $1-\alpha$。

例 3.4.4 为考察工艺改革前后所纺线纱的断裂强度的变化大小,分别从改革前后所纺线纱中抽取容量为 80 和 70 的样本进行测试,算得 $\bar{x}=5.32,\bar{y}=5.76$。假定改革前后线纱断裂强度分别服从正态分布,其方差分别为 21.8^2 和 1.76^2,试求改革前后线纱平均断裂强度之差的置信度为 95% 的置信区间。

解 由题意知,$\bar{x}=5.32,\bar{y}=5.76,\sigma_1^2=2.18^2,\sigma_2^2=1.76^2,n_1=80,n_2=70,1-\alpha=95\%$,$\alpha=5\%$。查标准正态分布表得 $u_{0.975}=1.96$。则置信下限为

$$\overline{X}-\overline{Y}-u_{\frac{\alpha}{2}}\sqrt{\frac{\sigma_1^2}{n_1}+\frac{\sigma_2^2}{n_2}}=5.32-5.76-1.96\times\sqrt{\frac{2.18^2}{80}+\frac{1.76^2}{70}}=-1.07$$

置信上限为

$$\overline{X}-\overline{Y}+u_{\frac{\alpha}{2}}\sqrt{\frac{\sigma_1^2}{n_1}+\frac{\sigma_2^2}{n_2}}=5.32-5.76+1.96\times\sqrt{\frac{2.18^2}{80}+\frac{1.76^2}{70}}=0.19$$

故 $\mu_1-\mu_2$ 置信度为 95% 的置信区间是 $(-1.07,0.19)$。

(2) 总体方差 σ_1^2 和总体方差 σ_2^2 未知,但已知 $\sigma_1^2=\sigma_2^2=\sigma^2$

由式(2.3.12)知

$$t=\frac{\dfrac{\overline{X}-\overline{Y}-(\mu_1-\mu_2)}{\sqrt{\dfrac{1}{n_1}+\dfrac{1}{n_2}}}}{\sqrt{\dfrac{(n_1-1)S_1^2+(n_2-1)S_2^2}{n_1+n_2-2}}}\sim t(n_1+n_2-2) \tag{3.4.8}$$

令

$$S_w^2=\frac{(n_1-1)S_1^2+(n_2-1)S_2^2}{n_1+n_2-2}$$

上面结论可改写为

$$t=\frac{\overline{X}-\overline{Y}-(\mu_1-\mu_2)}{S_w\sqrt{\dfrac{1}{n_1}+\dfrac{1}{n_2}}}\sim t(n_1+n_2-2) \tag{3.4.9}$$

给定置信度 $1-\alpha$,从 t 分布表可查得 $t_{\frac{\alpha}{2}}(n_1+n_2-2)$ 的值。使 $P\{|t|<t_{\frac{\alpha}{2}}(n_1+n_2-2)\}=1-\alpha$,即

$$P\left\{-t_{\frac{\alpha}{2}}(n_1+n_2-2)<\frac{\overline{X}-\overline{Y}-(\mu_1-\mu_2)}{S_w\sqrt{\dfrac{1}{n_1}+\dfrac{1}{n_2}}}<t_{\frac{\alpha}{2}}(n_1+n_2-2)\right\}=1-\alpha$$

所以,对置信度为 $1-\alpha$,两总体均值之差 $\mu_1-\mu_2$ 的置信区间是

$$\left(\overline{X}-\overline{Y}-t_{\frac{\alpha}{2}}(n_1+n_2-2)S_w\sqrt{\frac{1}{n_1}+\frac{1}{n_2}},\overline{X}-\overline{Y}+t_{\frac{\alpha}{2}}(n_1+n_2-2)S_w\sqrt{\frac{1}{n_1}+\frac{1}{n_2}}\right)$$

例 3.4.5 为了估计磷肥对某种农作物增产的作用,现选 20 块条件大致相同的地块。10 块不施磷肥,另外 10 块施磷肥,得亩产量(单位:500 g)如下:

不施磷肥亩产

   560 590 560 570 580 570 600 550 570 550

施磷肥亩产

   620 570 650 600 630 580 570 600 600 580

设不施磷肥亩产和施磷肥亩产都具有正态分布,且方差相同,取置信度为 0.95,试对施磷肥平均亩产和不施磷肥平均亩产之差作区间估计。

解 不施磷肥亩产看成总体 $X \sim N(\mu_1, \sigma^2)$,施磷肥亩产看成总体 $Y \sim N(\mu_2, \sigma^2)$。由题意知,$n_1 = n_2 = 10$,经计算得

$$\overline{x} = 570, (n_1-1)s_1^2 = \sum_{i=1}^{10}(x_i-\overline{x})^2 = 2\,400$$

$$\overline{y} = 600, (n_2-1)s_2^2 = \sum_{i=1}^{10}(y_i-\overline{y})^2 = 6\,400$$

$$s_w = \sqrt{\frac{2\,400+6\,400}{10+10-2}} = 22$$

由 $1-\alpha=0.95$,查表得 $t_{1-\frac{\alpha}{2}}(18) = 2.100\,9$,所以 $\mu_2-\mu_1$ 的置信下限为

$$\overline{y}-\overline{x}-t_{1-\frac{\alpha}{2}}(n_1+n_2-2)s_w\sqrt{\frac{1}{n_1}+\frac{1}{n_2}}$$

$$=600-570-2.100\,9\times22\times\sqrt{\frac{1}{10}+\frac{1}{10}}=9$$

置信上限为

$$\overline{y}-\overline{x}+t_{1-\frac{\alpha}{2}}(n_1+n_2-2)s_w\sqrt{\frac{1}{n_1}+\frac{1}{n_2}}$$

$$=600-570+2.100\,9\times22\times\sqrt{\frac{1}{10}+\frac{1}{10}}=51$$

故施磷肥平均亩产与不施磷肥平均亩产之差的置信区间是 $(9,51)$。

基于 R 的求解方法之一如下:

```
y<-c(560,590, 560,570,580,570,600,550,570, 550)
x<-c(620,570,650,600,630,580,570,600,600,580)
t.test(x,y,conf.level = 0.95,alternative = "two.sided",var.equal = TRUE)


        Two Sample t-test

data: x and y
t = 3.0339, df = 18, p-value = 0.007139
alternative hypothesis: true difference in means is not equal to 0
95 percent confidence interval:
  9.225527 50.774473
sample estimates:
mean of x mean of y
      600       570
```

(3) 大样本时对两个总体均值之差的区间估计

设两个总体 X 与 Y 的分布是任意的,分别具有有限的非零方差。记 $E(X)=\mu_1, D(X)=\sigma_1^2, E(Y)=\mu_2, D(Y)=\sigma_2^2$,它们都是未知的。今独立地从各总体中抽得一个样本,分别为 $(X_1,$

$X_2,\cdots,X_{n_1})$ 和 $(Y_1,Y_2,\cdots,Y_{n_2})$，即两个相互独立的随机向量。记 $\overline{X}$ 和 $\overline{Y}$ 分别是两个样本的均值，S_1^2 和 S_2^2 分别是两个样本的方差。现要对两个总体均值之差 $\mu_1-\mu_2$ 作区间估计。

利用中心极限定理，当 n_1 和 n_2 都很大时，$\overline{X}$ 和 $\overline{Y}$ 分别近似地服从正态分布 $N\left(\mu_1,\dfrac{\sigma_1^2}{n_1}\right)$ 和 $N\left(\mu_2,\dfrac{\sigma_2^2}{n_2}\right)$。由样本的独立性知 $\overline{X}$ 和 $\overline{Y}$ 是独立的，因而

$$E(\overline{X}-\overline{Y})=\mu_1-\mu_2,\ D(\overline{X}-\overline{Y})=\frac{\sigma_1^2}{n_1}+\frac{\sigma_2^2}{n_2}$$

$\overline{X}-\overline{Y}$ 经标准化后，可得

$$\frac{\overline{X}-\overline{Y}-(\mu_1-\mu_2)}{\sqrt{\dfrac{\sigma_1^2}{n_1}+\dfrac{\sigma_2^2}{n_2}}}$$

近似地服从标准正态分布，而其中 σ_1^2 和 σ_2^2 都是未知的。当 n_1 和 n_2 都很大时，可分别用样本方差代替总体方差。在上式中，σ_1^2 和 σ_2^2 分别用 S_1^2 和 S_2^2 代替后，仍近似地服从标准正态分布，即

$$u=\frac{\overline{X}-\overline{Y}-(\mu_1-\mu_2)}{\sqrt{\dfrac{S_1^2}{n_1}+\dfrac{S_2^2}{n_2}}}\sim N(0,1)$$

给定 $1-\alpha(0<\alpha<1)$，可查标准正态分布表得 $u_{\frac{\alpha}{2}}$ 使

$$P\{|u|<u_{\frac{\alpha}{2}}\}=1-\alpha$$

把 u 的表达式代入上式得

$$P\left\{-u_{\frac{\alpha}{2}}<\frac{\overline{X}-\overline{Y}-(\mu_1-\mu_2)}{\sqrt{\dfrac{S_1^2}{n_1}+\dfrac{S_2^2}{n_2}}}<u_{\frac{\alpha}{2}}\right\}=1-\alpha$$

所以，$\mu_1-\mu_2$ 的置信区间是

$$\left(\overline{X}-\overline{Y}-u_{\frac{\alpha}{2}}\sqrt{\frac{S_1^2}{n_1}+\frac{S_2^2}{n_2}},\overline{X}-\overline{Y}+u_{\frac{\alpha}{2}}\sqrt{\frac{S_1^2}{n_1}+\frac{S_2^2}{n_2}}\right)$$

而置信度为 $1-\alpha$。

例 3.4.6　两台机床加工同一种轴，分别抽得加工 200 根和 150 根轴测量其椭圆度，经计算得到：

- 第一台机床 $n_1=200,\overline{x}=0.081\text{ mm},s_1=0.025\text{ mm}$
- 第二台机床 $n_2=150,\overline{y}=0.062\text{ mm},s_2=0.062\text{ mm}$

给定置信度为 95%，试求两台机床平均椭圆度之差的置信区间。

解　此题中取得的两个样本都是大样本，根据上面的公式，可得 $\mu_1-\mu_2$ 的置信下限

$$\overline{X}-\overline{Y}-u_{\frac{\alpha}{2}}\sqrt{\frac{S_1^2}{n_1}+\frac{S_2^2}{n_2}}=0.081-0.062-1.96\times\sqrt{\frac{0.025^2}{200}+\frac{0.062^2}{150}}=0.008\,5$$

置信上限

$$\overline{X}-\overline{Y}+u_{\frac{\alpha}{2}}\sqrt{\frac{S_1^2}{n_1}+\frac{S_2^2}{n_2}}=0.081-0.062+1.96\times\sqrt{\frac{0.025^2}{200}+\frac{0.062^2}{150}}=0.029\,5$$

故 $\mu_1-\mu_2$ 置信度 95% 的置信区间是 $(0.008\,5,0.029\,5)$。

2. 两个正态总体方差之比的区间估计

设两个正态总体的分布分别是 $N(\mu_1, \sigma_1^2)$ 和 $N(\mu_2, \sigma_2^2)$，其中 μ_1、μ_2、σ_1^2、σ_2^2 都是未知的。从两个总体中独立地各取一个样本，样本方差分别记为 S_1^2 和 S_2^2。下面对两个总体方差之比 $\dfrac{\sigma_1^2}{\sigma_2^2}$ 作区间估计。

由前面的定理式(2.3.3)知 $\dfrac{(n_1-1)S_1^2}{\sigma_1^2}$ 和 $\dfrac{(n_2-1)S_2^2}{\sigma_2^2}$ 分别服从自由度为 n_1-1 和 n_2-1 的 χ^2 分布。且 S_1^2 与 S_2^2 相互独立，由 F 分布的定义知

$$F = \frac{\dfrac{(n_2-1)S_2^2}{\sigma_2^2}/(n_2-1)}{\dfrac{(n_1-1)S_1^2}{\sigma_1^2}/(n_1-1)} = \frac{S_2^2/\sigma_2^2}{S_1^2/\sigma_1^2} \tag{3.4.10}$$

服从自由度为 (n_2-1, n_1-1) 的 F 分布。

给定置信度 $1-\alpha$，在 $F(n_2-1, n_1-1)$ 分布密度图 3.4.3 中取左右两侧面积都等于 $\dfrac{\alpha}{2}$，即由 F 分布表可查得 $F_{\frac{\alpha}{2}}(n_2-1, n_1-1)$ 与 $F_{1-\frac{\alpha}{2}}(n_2-1, n_1-1)$ 的数值使

$$P\{F \geqslant F_{\frac{\alpha}{2}}(n_2-1, n_1-1)\} \text{ 和 } P\{F \leqslant F_{1-\frac{\alpha}{2}}(n_2-1, n_1-1)\}$$

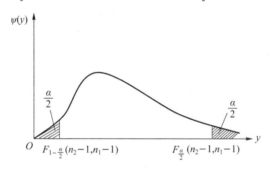

图 3.4.3　F 分布双侧分位数图

于是，中间部分面积等于 $1-\alpha$，即

$$P\{F_{1-\frac{\alpha}{2}}(n_2-1, n_1-1) < F < F_{\frac{\alpha}{2}}(n_2-1, n_1-1)\} = 1-\alpha$$

把式(3.4.10)中的 F 代入上式，经变化可得

$$P\left\{F_{1-\frac{\alpha}{2}}(n_2-1, n_1-1)\frac{S_1^2}{S_2^2} < \frac{\sigma_1^2}{\sigma_2^2} < F_{\frac{\alpha}{2}}(n_2-1, n_1-1)\frac{S_1^2}{S_2^2}\right\} = 1-\alpha$$

故得 $\dfrac{\sigma_1^2}{\sigma_2^2}$ 的置信度为 $1-\alpha$ 的置信区间是

$$\left(F_{\frac{\alpha}{2}}(n_2-1, n_1-1)\frac{S_1^2}{S_2^2}, \; F_{1-\frac{\alpha}{2}}(n_2-1, n_1-1)\frac{S_1^2}{S_2^2}\right)$$

根据 F 分布的性质，$\dfrac{\sigma_1^2}{\sigma_2^2}$ 的置信区间还可以表示为

$$\left(\frac{S_1^2}{S_2^2}\frac{1}{F_{\frac{\alpha}{2}}(n_1-1, n_2-1)}, \; \frac{S_1^2}{S_2^2}\frac{1}{F_{1-\frac{\alpha}{2}}(n_1-1, n_2-1)}\right)$$

方差之比的置信区间的含义是:若$\dfrac{\sigma_1^2}{\sigma_2^2}$的置信上限小于1,则说明总体$N(\mu_1,\sigma_1^2)$的波动性

较小;若$\dfrac{\sigma_1^2}{\sigma_2^2}$的置信下限大于1,则说明总体$N(\mu_1,\sigma_1^2)$的波动性较大;若置信区间包含1,则难

以从这次实验中判断两个总体波动性的大小,可以认为$\sigma_1^2=\sigma_2^2$。

例 3.4.7　两名化验员 A 和 B 独立地对某种聚合物的含氯量用相同的方法各做了 10

次测定,其测定值的方差 $S_A^2=0.541\,9$,$S_B^2=0.606\,5$。设 σ_A^2 和 σ_B^2 分别是 A 和 B 两化验员测

量数据总体的方差,且总体服从正态分布,求总体方差之比$\dfrac{\sigma_A^2}{\sigma_B^2}$的置信度为 95% 的置信区间。

解　由题意知,

$$1-\alpha=0.95,\ \alpha/2=0.025,\ n_1-1=n_2-1=9,\ F_{0.025}(9,9)=4.03$$

则$\dfrac{\sigma_A^2}{\sigma_B^2}$的置信下限

$$\frac{S_1^2}{S_2^2}\frac{1}{F_{\frac{\alpha}{2}}(n_1-1,n_2-1)}=\frac{0.541\,9}{0.606\,5}\times\frac{1}{4.03}=0.222$$

置信上限

$$\frac{S_1^2}{S_2^2}\frac{1}{F_{1-\frac{\alpha}{2}}(n_1-1,n_2-1)}=\frac{0.541\,9}{0.606\,5}\times 4.03=3.601$$

所以,$\dfrac{\sigma_A^2}{\sigma_B^2}$的置信度为 95% 的置信区间为$(0.222,3.601)$。

3.4.3　大样本情形下总体均值的区间估计

设总体 X 的分布是任意的,均值 $\mu=E(X)$ 和方差 $\sigma^2=D(X)$ 都是未知的。用样本$(X_1,$ $X_2,\cdots,X_n)$对总体平均数 μ 作区间估计。

由概率论中的中心极限定理可知,不论所考察的总体分布如何,只要样本容量 n 足够

大,样本均值 $\overline{X}$ 近似地服从正态分布。又 $E(\overline{X})=\mu$,$D(\overline{X})=\dfrac{\sigma^2}{n}$,所以$\dfrac{\overline{X}-\mu}{\frac{\sigma}{\sqrt{n}}}$近似地服从标准

正态分布 $N(0,1)$。然而,在 n 很大时,σ 可用样本标准差 S 近似,且上式中 σ 换成 S 后对它

的分布影响不大,故当 n 很大时,

$$u=\frac{\overline{X}-\mu}{\frac{S}{\sqrt{n}}} \tag{3.4.11}$$

仍近似地服从标准正态分布。给定 $1-\alpha$,可找到 $u_{\frac{\alpha}{2}}$,使

$$P\{|u|<u_{\frac{\alpha}{2}}\}=P\left\{\left|\frac{\overline{X}-\mu}{S/\sqrt{n}}\right|<u_{\frac{\alpha}{2}}\right\}=1-\alpha \tag{3.4.12}$$

于是 μ 的置信区间是

$$\left(\overline{X}-u_{\frac{\alpha}{2}}\frac{S}{\sqrt{n}},\overline{X}+u_{\frac{\alpha}{2}}\frac{S}{\sqrt{n}}\right) \tag{3.4.13}$$

而置信度(近似)等于 $1-\alpha$,需要指出,用式(3.4.13)求置信区间对 n 很大的样本适用,这是

由于导出 u 的近似分布用到了中心极限定理。n 多大的样本可以认为是大样本呢？严格来讲，这取决于 u 的分布收敛到标准正态分布的速度，而收敛速度又与总体分布有关。中心极限定理没有对这个问题作出解释。实际经验一般认为 $n \geqslant 50$ 的样本是大样本。

例 3.4.8 某市为了解在该市民工的生活状况，从中随机抽取了 100 个民工进行调查，得到民工月平均工资为 3 300 元，标准差为 60 元，试在 95% 的概率保证下，对该市民工的月平均工资作区间估计。

解 按题意 $n = 100$，可以认为是大样本。已知 $1 - \alpha = 95\%$，查附表 2 得 $u_{\frac{\alpha}{2}} = 1.96$，由式(3.4.13)有置信下限

$$\overline{X} - u_{\frac{\alpha}{2}} \frac{S}{\sqrt{n}} = 3\,300 - 1.96 \times \frac{60}{\sqrt{100}} = 3\,288.24 \text{ 元}$$

置信上限

$$\overline{X} + u_{\frac{\alpha}{2}} \frac{S}{\sqrt{n}} = 3\,300 + 1.96 \times \frac{60}{\sqrt{100}} = 3\,311.76 \text{ 元}$$

故置信度 95% 的置信区间为 $(3\,288.24, 3\,311.76)$。

下面考察总体 X 服从二点分布 $B(1, p)$ 的情形，其分布律为 $P\{X = 1\} = p$，$P\{X = 0\} = 1 - p$，从总体中抽取一个容量为 n 的样本，其中恰有 m 个"1"，现对 p 作区间估计。此时，

$$\mu = E(X) = p, \quad \overline{X} = \frac{1}{n} \sum_{i=1}^{n} X_i = \frac{m}{n}$$

$$S^2 = \frac{1}{n} \sum_{i=1}^{n} X_i^2 - \overline{X}^2 = \frac{m}{n} - \left(\frac{m}{n}\right)^2 = \frac{m(n-m)}{n^2} = \frac{m}{n}\left(1 - \frac{m}{n}\right)$$

在最后一式推导中，需注意 X_i 仅能取"1"和"0"，把这些量代入式(3.4.12)，得 p 的置信区间是

$$\left(\frac{m}{n} - u_{\frac{\alpha}{2}} \sqrt{\frac{1}{n} \cdot \frac{m}{n} \cdot \left(1 - \frac{m}{n}\right)}, \frac{m}{n} + u_{\frac{\alpha}{2}} \sqrt{\frac{1}{n} \cdot \frac{m}{n} \cdot \left(1 - \frac{m}{n}\right)}\right) \tag{3.4.14}$$

而置信度为 $1 - \alpha$。

例 3.4.9 从一大批产品中随机地抽出 100 个进行检测，其中有 4 个次品，试以 95% 的概率估计这批产品的次品率。

解 记次品为"1"，正品为"0"，次品率为 p。总体分布是二点分布 $B(1, p)$，根据题意，$n = 100$，$m = 4$，由 $1 - \alpha = 0.95$ 得 $u_{1 - \frac{\alpha}{2}} = 1.96$。利用式(3.4.14)得置信下限

$$\frac{m}{n} - u_{\frac{\alpha}{2}} \sqrt{\frac{1}{n} \cdot \frac{m}{n} \cdot \left(1 - \frac{m}{n}\right)} = 0.04 - 1.96 \times \frac{1}{10} \times \sqrt{0.04 \times 0.96} = 0.002$$

置信上限

$$\frac{m}{n} + u_{\frac{\alpha}{2}} \sqrt{\frac{1}{n} \cdot \frac{m}{n} \cdot \left(1 - \frac{m}{n}\right)} = 0.04 + 1.96 \times \frac{1}{10} \times \sqrt{0.04 \times 0.96} = 0.078$$

故置信区间是 $(0.002, 0.078)$。

需要指出，上面介绍的两种情况均属于总体分布为非正态分布的情形，如果样本容量较大（一般 $n \geqslant 50$），可以按正态分布来近似其未知参数的估计区间。如果样本容量较小（一般 $n < 50$），不能用上述的方法求参数的估计区间。

参数估计采用表格的形式小结于表 3.4.1 中。

表 3.4.1　均值 μ 和方差 σ^2 的双侧置信区间

估计对象	对总体(或样本)要求	所用统计量及其分布	置信区间
均值 μ	正态总体方差 σ^2 已知	$u=\dfrac{\overline{x}-\mu}{\dfrac{\sigma_0}{\sqrt{n}}}\sim N(0,1)$	$\overline{x}\pm u_{\frac{\alpha}{2}}\dfrac{\sigma_0}{\sqrt{n}}$
均值 μ	大样本	$u=\dfrac{\overline{x}-\mu}{\dfrac{s}{\sqrt{n}}}\sim N(0,1)$	$\overline{x}\pm u_{\frac{\alpha}{2}}\dfrac{s}{\sqrt{n}}$
均值 μ	正态总体方差 σ^2 未知	$t=\dfrac{\overline{x}-\mu}{\dfrac{s}{\sqrt{n}}}\sim t(n-1)$	$\overline{x}\pm t_{\frac{\alpha}{2}}(n-1)\dfrac{s}{\sqrt{n}}$
均值之差 $\mu_1-\mu_2$	大样本	$u=\dfrac{\overline{x}_1-\overline{x}_2-(\mu_1-\mu_2)}{\sqrt{\dfrac{s_1^2}{n_1}+\dfrac{s_2^2}{n_2}}}\sim N(0,1)$	$\overline{x}_1-\overline{x}_2\pm u_{\frac{\alpha}{2}}\sqrt{\dfrac{s_1^2}{n_1}+\dfrac{s_2^2}{n_2}}$
均值之差 $\mu_1-\mu_2$	两个正态总体方差相等但未知	$t=\dfrac{\overline{x}_1-\overline{x}_2-(\mu_1-\mu_2)}{s_w\sqrt{\dfrac{1}{n_1}+\dfrac{1}{n_2}}}\sim t(n_1+n_2-2)$	$\overline{x}_1-\overline{x}_2\pm t_{\frac{\alpha}{2}}(n_1+n_2-2)s_w\sqrt{\dfrac{1}{n_1}+\dfrac{1}{n_2}}$
方差 σ^2	正态总体	$\chi^2=\dfrac{(n-1)s^2}{\sigma^2}\sim\chi^2(n-1)$	$\left(\dfrac{(n-1)s^2}{\chi_{\frac{\alpha}{2}}^2(n-1)},\dfrac{(n-1)s^2}{\chi_{1-\frac{\alpha}{2}}^2(n-1)}\right)$
方差比 $\dfrac{\sigma_1^2}{\sigma_2^2}$	两个正态总体	$F=\dfrac{\dfrac{s_1^2}{s_2^2}}{\dfrac{\sigma_1^2}{\sigma_2^2}}\sim F(n_1-1,n_2-1)$	$\left(\dfrac{S_1^2}{S_2^2}\dfrac{1}{F_{\frac{\alpha}{2}}(n_1-1,n_2-1)},\dfrac{S_1^2}{S_2^2}\dfrac{1}{F_{1-\frac{\alpha}{2}}(n_1-1,n_2-1)}\right)$

3.5　单侧置信区间

　　上一节所给出的总体参数的置信区间都是既有置信上限又有置信下限,通常称为双侧置信区间。由于如此给出的双侧置信区间是最短的,所以是最优置信区间,在实际中有着广泛的应用。但是,实际中常常会遇见这样的问题,机器设备零部件的平均使用寿命越长越好;又如产品的不合格率越小越好。因此,在这种情况下进行区间估计就不宜使用双侧置信区间,而应该使用单侧置信区间。

　　若置信区间形式为 $(\hat{\theta}_1,\infty)$,则 $\hat{\theta}_1$ 称为单侧置信下限;若置信区间形式为 $(-\infty,\hat{\theta}_2)$,则称 $\hat{\theta}_2$ 为单侧置信上限。置信区间 $(\hat{\theta}_1,\infty)$ 和 $(-\infty,\hat{\theta}_2)$ 都称为单侧置信区间。下面通过具体的例子介绍单侧置信区间的求法。

　　例 3.5.1　从一批电子器件中随机抽取 5 件做寿命实验,其寿命(以小时计)如下:

$$1\,050\quad 1\,100\quad 1\,120\quad 1\,250\quad 1\,280$$

设该种电子器件的寿命服从正态分布 $N(\mu,\sigma^2)$,求 μ 的单侧 95% 置信下限。

解 按题意,电子器件寿命 X 的分布服从 $N(\mu,\sigma^2)$,由前面的定理知

$$t=\frac{\overline{X}-\mu}{\frac{S}{\sqrt{n}}}\sim t(n-1)$$

若给定 $1-\alpha$,则存在 $t_\alpha(n-1)$ 使

$$P\{t<t_\alpha(n-1)\}=1-\alpha$$

将 t 变量代入上式有

$$P\left\{\frac{\overline{X}-\mu}{S/\sqrt{n}}<t_\alpha(n-1)\right\}=1-\alpha$$

或

$$P\left\{\mu>\overline{X}-t_\alpha(n-1)\frac{S}{\sqrt{n}}\right\}=1-\alpha$$

故 μ 的单侧置信区间是 $\left(\overline{X}-t_\alpha(n-1)\frac{S}{\sqrt{n}},\infty\right)$,而单侧置信下限为 $\overline{X}-t_\alpha(n-1)\frac{S}{\sqrt{n}}$。

在此例中,$n=5$,可计算得,$\overline{x}=1\,160$,$s^2=9\,950$,又由 $1-\alpha=95\%$,查附表 3 得 $t_{0.05}(4)=2.131\,8$,故 μ 的单侧置信下限为 $1\,160-2.131\,8\times\sqrt{\frac{9\,950}{5}}=1\,065$。

此例介绍了正态总体平均数单侧置信下限的求法。利用上面的方法,同样可求正态总体平均数的单侧置信上限。事实上,若给定 $1-\alpha$,则存在 $t_\alpha(n-1)$,使 $P\{t>-t_\alpha(n-1)\}=1-\alpha$。将 t 代入上式得

$$P\left\{\frac{\overline{X}-\mu}{S/\sqrt{n}}>-t_\alpha(n-1)\right\}=1-\alpha$$

经变化得

$$P\left\{\mu<\overline{X}+t_\alpha(n-1)\frac{S}{\sqrt{n}}\right\}=1-\alpha$$

所以,μ 的单侧置信区间是 $\left(-\infty,\overline{X}+t_\alpha(n-1)\frac{S}{\sqrt{n}}\right)$,而单侧置信上限为 $\overline{X}+t_\alpha(n-1)\frac{S}{\sqrt{n}}$。

至于总体方差、两个总体均值之差和方差之比的单侧置信限的公式,读者可以自己进行推导。现在把各种情形下的单侧置信区间的应用公式列在表 3.5.1 中。

最后指出,对同一参数有时要做双侧区间估计,而有时要做单侧区间估计,这完全按实际需要而定。

表 3.5.1　均值 μ 和方差 σ^2 的单侧置信区间

估计对象	对总体(或样本)要求	单侧置信区间(1)	单侧置信区间(2)
均值 μ	正态总体方差 σ^2 已知	$\left(-\infty,\overline{x}+u_{1-\alpha}\frac{\sigma_0}{\sqrt{n}}\right)$	$\left(\overline{x}-u_{1-\alpha}\frac{\sigma_0}{\sqrt{n}},\infty\right)$
均值 μ	大样本	$\left(-\infty,\overline{x}+u_{1-\alpha}\frac{s}{\sqrt{n}}\right)$	$\left(\overline{x}-u_{1-\alpha}\frac{s}{\sqrt{n}},\infty\right)$
均值 μ	正态总体 方差 σ^2 未知	$\left(-\infty,\overline{x}+t_{1-\alpha}(n-1)\frac{s}{\sqrt{n}}\right)$	$\left(\overline{x}-t_{1-\alpha}(n-1)\frac{s}{\sqrt{n}},\infty\right)$

续 表

估计对象	对总体(或样本)要求	单侧置信区间(1)	单侧置信区间(2)
均值之差 $\mu_1-\mu_2$	大样本	$\left(-\infty,\overline{x}_1-\overline{x}_2+u_{1-\alpha}\sqrt{\dfrac{s_1^2}{n_1}+\dfrac{s_2^2}{n_2}}\right)$	$\left(\overline{x}_1-\overline{x}_2-u_{1-\alpha}\sqrt{\dfrac{s_1^2}{n_1}+\dfrac{s_2^2}{n_2}},\infty\right)$
均值之差 $\mu_1-\mu_2$	两个正态总体方差相等但未知	$\left(-\infty,\overline{x}_1-\overline{x}_2+t_{1-\alpha}(n_1+n_2-2)s_w\sqrt{\dfrac{1}{n_1}+\dfrac{1}{n_2}}\right)$	$\left(\overline{x}_1-\overline{x}_2-t_{1-\alpha}(n_1+n_2-2)s_w\sqrt{\dfrac{1}{n_1}+\dfrac{1}{n_2}},\infty\right)$
方差 σ^2	正态总体	$\left(0,\dfrac{(n-1)s^2}{\chi_{1-\alpha}^2(n-1)}\right)$	$\left(\dfrac{(n-1)s^2}{\chi_{\alpha}^2(n-1)},\infty\right)$
方差比 $\dfrac{\sigma_1^2}{\sigma_2^2}$	两个正态总体	$\left(0,\dfrac{s_1^2}{s_2^2}\dfrac{1}{F_{1-\alpha}(n_1-1,n_2-1)}\right)$	$\left(\dfrac{s_1^2}{s_2^2}\dfrac{1}{F_{\alpha}(n_1-1,n_2-1)},\infty\right)$

习题 3

(一)

3.1 设总体 X 具有指数分布,它的分布密度为

$$f(x)=\begin{cases}\lambda e^{-\lambda x}, & x\geqslant 0\\ 0, & x<0\end{cases}$$

其中,$\lambda>0$。试用矩估计法求 λ 的估计量。

3.2 设总体 X 服从几何分布,它的分布律为

$$P\{X=k\}=(1-p)^{k-1}p,\quad k=1,2,\cdots$$

先用矩估计法求 p 的估计量,再求 p 的最大似然估计。

3.3 设总体 X 服从在区间 $[a,b]$ 上的均匀分布,其分布密度为

$$f(x)=\begin{cases}\dfrac{1}{b-a}, & a\leqslant x\leqslant b\\ 0, & 其他\end{cases}$$

其中,a 和 b 是未知参数,试用矩估计法求 a 与 b 的估计量。

3.4 设总体 X 的分布密度为

$$f(x)=\begin{cases}\theta x^{\theta-1}, & 0<x<1\\ 0, & 其他\end{cases}$$

其中,$\theta>0$。

(1) 求 θ 的最大似然估计量;

(2) 用矩估计法求 θ 的估计量。

3.5 设总体 X 的密度为

$$f(x)=\dfrac{1}{2\sigma}e^{-\frac{|x|}{\sigma}},\quad -\infty<x<\infty$$

试求 σ 的最大似然估计,并指出所得估计量是否是 σ 的无偏估计。

3.6　设总体 X 的分布密度为

$$f(x) = \begin{cases} \dfrac{\beta^k}{(k-1)!} x^{k-1} e^{-\beta x}, & x > 0 \\ 0, & \text{其他} \end{cases}$$

其中，k 是已知的正整数，试求未知参数 β 的最大似然估计量。

3.7　设总体 X 分布密度 $f(x) = \dfrac{1}{\beta}, 0 \leqslant x \leqslant \beta$，从中抽得容量为 6 的样本数值

$$1.3 \quad 0.6 \quad 1.7 \quad 2.2 \quad 0.3 \quad 1.1$$

试求总体平均数和方差的最大似然估计。

3.8　设总体 X 的分布密度为

$$f(x) = \begin{cases} e^{-(x-\theta)}, & x \geqslant \theta \\ 0, & x < \theta \end{cases}$$

试求 θ 的最大似然估计。

3.9　元件无故障的工作时间 X 服从指数分布 $f(x) = \lambda e^{-\lambda x} (x \geqslant 0)$。取 1 000 个元件工作时间的记录数据，经分组后，得到它的频数分布如题 3.9 表所示。

习题 3.9 表　频数分布

组中值 x_i^*	5	15	25	35	45	55	65
频数 m_i	365	245	150	100	70	45	25

如果各组中数据都取为组中值，试用最大似然法求 λ 的点估计。

3.10　从一批电子管中抽取 100 只，若抽取的电子管的平均寿命为 1 000 h，标准差 S 为 40 h，试求整批电子管的平均寿命的置信区间（给定置信度为 95%）。

3.11　随机地从一批钉子中抽取 16 枚，测得其长度（单位:cm）为

$$2.14 \quad 2.10 \quad 2.13 \quad 2.15 \quad 2.13 \quad 2.12 \quad 2.13 \quad 2.10$$
$$2.15 \quad 2.12 \quad 2.14 \quad 2.10 \quad 2.13 \quad 2.11 \quad 2.14 \quad 2.11$$

设钉长分布为正态的，试求总体平均数 μ 的置信度为 90% 的置信区间：

（1）若已知 $\sigma = 0.01$ cm；

（2）若 σ 未知。

3.12　为估计制造一批钢索所能承受的平均张力，从其中取样做 10 次试验。由试验值得平均张力为 6 720 kg/cm²，标准差 S 为 220 kg/cm²，设张力服从正态分布，试求钢索所能承受平均张力的置信度为 95% 的置信区间。

3.13　假定每次试验时，出现事件 A 的概率 p 相同但未知，如果在 60 次独立试验中，事件 A 出现 15 次，试求概率 p 的置信区间（给定置信度为 0.95）。

3.14　对于方差 σ^2 为已知的正态总体，问需抽取容量 n 为多大的样本，才使总体平均数 μ 的置信度为 $1-\alpha$ 的置信区间的长度不大于 L。

3.15　从正态总体中抽取一个容量为 n 的样本，算得样本标准差 S 的数值，设

（1）$n = 10, S = 5.1$；

（2）$n = 46, S = 14$。

试求总体标准差 σ 的置信度为 0.99 的置信区间。

3.16 测得一批钢件 20 个样品的屈服点（单位：t/cm^2）为

4.98 5.11 5.20 5.20 5.11 5.00 5.61 4.88 5.27 5.38

5.46 5.27 5.23 4.96 5.35 5.15 5.35 4.77 5.38 5.54

设屈服点服从正态分布，求 μ 和 σ 的置信度为 95% 的置信区间。这里 μ 和 σ 分别是屈服点总体的平均数和标准差。

3.17 对某农作物的两个品种 A 和 B 计算了 8 个地区的亩产量如下：

品种 A 86 87 56 93 84 93 75 79

品种 B 80 79 58 91 77 82 76 66

假定两个品种的亩产量分别服从正态分布，且方差相等。试求平均亩产量之差置信度为 95% 的置信区间。

3.18 从某地区随机地抽取男、女各 100 名，以估计男、女平均高度之差。测量并计算得男子高度的平均数为 1.71 m，标准差（S）为 0.035 m，女子高度的平均数为 1.67 m，标准差（S）为 0.038 m。试求置信度为 95% 的男、女高度平均数之差的置信区间。

3.19 两台机床加工同一种零件，分别抽取 6 个和 9 个零件，测量其长度计算得样本方差分别为 $S_1^2 = 0.245, S_2^2 = 0.357$。假定各台机床零件长度服从正态分布。试求两个总体方差之比 $\dfrac{\sigma_1^2}{\sigma_2^2}$ 的置信区间（给定置信度为 95%）。

3.20 在一批货物的容量为 100 的样本中，经检验发现 6 个次品。试求这批货物次品率的单侧置信上限（置信度为 95%）。

3.21 从一批某种型号的电子管中抽出容量为 10 的样本，计算得样本标准差 $S = 45\,h$，设整批电子管寿命服从正态分布。试给出这批电子管寿命标准差 σ 的单侧置信上限（置信度为 95%）。

（二）

3.22 试用 R 解答 3.7 题。

3.23 试用 R 解答 3.9 题。

3.24 试用 R 解答 3.11 题。

3.25 试用 R 解答 3.16 题。

3.26 试用 R 解答 3.17 题。

3.27 试用 R 解答 3.20 题。

第4章 假设检验

4.1 假设检验的基本概念

上一章介绍了统计推断的一类重要问题——参数估计。它是由样本求出总体参数的估计值,或者参数的取值范围。本章将要介绍统计推断的另一类重要问题——假设检验。它是由样本来推断有关总体分布或分布参数的某一假设是否成立。例如一台自动包糖机,规定由它包装的每包糖的标准重量是 500 g。每天开工后,需要检验包糖机工作是否正常,为此必须检查糖包的重量是否符合标准。如果从生产线上抽取一个样本,得到 $\bar{x}-500=0.012$ g,产生这样的误差是包糖机出现系统误差还是随机因素所致?用假设检验方法可以回答这一问题。假设检验的过程是:首先可以提出假设"包糖机没有系统误差",然后根据生产线上抽取的样本,来判断这个假设是否与事实相符,从而做出否定或不否定"包糖机没有系统误差"这一假设。

在概率论中,"小概率事件在一次试验中是几乎不可能发生的",称为小概率事件原理。因此,如果在某种假设下得出的小概率事件,在一次试验中竟然发生了,这是不合理的,由此否定该假设,这是假设检验的基本原则。

假设检验的基本思想是概率意义下的反证法。例如,设鱼塘里有两种鱼:草鱼和胖头鱼,已知两种鱼的比例是 9:1,但不知哪种鱼较多。为了弄清这个问题,可以先提出一个假设:"草鱼数比胖头鱼数是 9:1(即草鱼比胖头鱼多)"。如果这一假设成立,便可以断言:"从鱼塘中随机地捕捞 15 条鱼,胖头鱼比草鱼多"是一个小概率事件。如果我们实际捕捞 15 条鱼,这个小概率事件竟然发生了,这是不合理的。由此可推断"草鱼数比胖头鱼数是 9:1"的假设应予以否定。如果这个小概率事件不发生,则我们不能否定这个假设。这就是假设检验的基本思想。

假设检验中提出的待检验假设,称为原假设(或零假设),用 H_0 表示。如果 H_0 被否定,就意味着另一个对立的假设 H_1 不能被否定,称 H_1 为备择假设。

假设检验中所指的小概率事件,到底概率多小才算小概率,通常是事先给定 $\alpha=0.05$、$\alpha=0.01$ 或根据实际问题的需要而确定的一个较小的正数。它表示在假设检验中,概率小于 α 的事件被认为是小概率事件,称 α 为显著性水平或检验水平。

假设检验中主要研究两类问题的检验:一类是总体分布形式已知,仅需对总体未知参数进行检验,称为参数假设检验;另一类是总体分布形式所知甚少,而要假设其具体形式的假设检验,称为非参数假设检验。

4.2　一个正态总体的假设检验

假设总体 $X \sim N(\mu, \sigma^2)$，关于总体参数 μ 和 σ^2 的假设检验，主要有以下六种类型。

(1) 已知方差 σ^2，检验 $H_0: \mu = \mu_0$，$H_1: \mu \neq \mu_0$（μ_0 为已知）。

设 $(X_1, X_2, \cdots, X_n)$ 是一个样本，由统计量分布理论知，在 H_0 成立的条件下，$U = \dfrac{\overline{X} - \mu_0}{\sqrt{\dfrac{\sigma^2}{n}}} \sim$

$N(0,1)$。由检验水平 α，查标准正态分布表，得临界值 $u_{\frac{\alpha}{2}}$，使 $P\{|U| > u_{\frac{\alpha}{2}}\} = \alpha$，即事件 $\{|U| > u_{\frac{\alpha}{2}}\}$ 是一个小概率事件。

由样本值计算 $|U_0|$：

- 若 $|U_0| > u_{\frac{\alpha}{2}}$，则否定 H_0；
- 若 $|U_0| < u_{\frac{\alpha}{2}}$，则不能否定 H_0；
- 若 $|U_0| = u_{\frac{\alpha}{2}}$，通常再进行一次抽样检验。

由于这一检验用到统计量 U，因此称为 U 检验法。其一般步骤如下。

① 提出待检验假设和备择假设：

$$H_0: \mu = \mu_0 \qquad H_1: \mu \neq \mu_0$$

② 选用统计量 $U = \dfrac{\overline{X} - \mu_0}{\sqrt{\dfrac{\sigma^2}{n}}}$，在 H_0 成立的条件下

$$U \sim N(0,1)$$

③ 由给定的检验水平 α，查标准正态分布表，得临界值 $u_{1-\frac{\alpha}{2}}$，使

$$P\{|U| > u_{\frac{\alpha}{2}}\} = \alpha$$

确定否定域为

$$(-\infty, -u_{\frac{\alpha}{2}}) \bigcup (u_{\frac{\alpha}{2}}, +\infty)$$

④ 根据样本观察值计算 $|U_0|$，并与 $u_{\frac{\alpha}{2}}$ 比较。

⑤ 结论：

- 若 $|U_0| > u_{\frac{\alpha}{2}}$，则否定 H_0；
- 若 $|U_0| < u_{\frac{\alpha}{2}}$，则不能否定 H_0；
- 若 $|U_0| = u_{\frac{\alpha}{2}}$，一般再进行一次抽样检验。

例 4.2.1　自动包糖机装糖入袋，每袋糖重 X 服从正态分布。当机器工作正常时，其均值为 $0.5\ \text{kg}$，标准差为 $0.015\ \text{kg}$。某日开工后，若已知标准差不变，随机抽取 9 袋，其重量（单位：kg）为

　　　　0.497　0.506　0.518　0.524　0.498　0.511　0.520　0.515　0.512

问包糖机工作是否正常（$\alpha = 0.05$）？

解　$H_0: \mu = \mu_0 = 0.5$　$H_1: \mu \neq 0.5$

在 H_0 成立的条件下，

$$U = \frac{\overline{X} - \mu_0}{\sqrt{\dfrac{\sigma^2}{n}}} \sim N(0,1)$$

由 $\alpha = 0.05$，查标准正态分布表，得 $u_{\frac{\alpha}{2}} = 1.96$，即

$$P\{|U| > u_{1-\frac{\alpha}{2}}\} = \alpha$$

由样本值计算

$$|U_0| = \left| \frac{\overline{X} - \mu_0}{\sqrt{\dfrac{\sigma^2}{n}}} \right| = \left| \frac{0.511 - 0.5}{\sqrt{\dfrac{0.015^2}{9}}} \right| = 2.2 > 1.96$$

于是否定 H_0，即认为这天包糖机工作不正常。

基于 R 的求解方法之一如下：

```
library(BSDA)
x<-c(0.497,0.506,0.518, 0.524, 0.498, 0.511,0.520,0.515,0.512)
z.test(x,mu = 0.5,sigma.x = 0.015,conf.level = 0.95,alternative = "two.sided")
```

```
        One-sample z-Test

data: x
z = 2.2444, p-value = 0.0248
alternative hypothesis: true mean is not equal to 0.5
95 percent confidence interval:
0.5014224 0.5210220
sample estimates:
mean of x
```

（2）未知方差 σ^2，检验 $H_0 : \mu = \mu_0$，$H_1 : \mu \neq \mu_0$。

设 $(X_1, X_2, \cdots, X_n)$ 是一个样本，由统计量分布理论知，在 H_0 成立的条件下，

$$T = \frac{\overline{X} - \mu_0}{\sqrt{\dfrac{s^2}{n}}} \sim t(n-1)$$

由给定的检验水平 α，查 t 分布表，得临界值 $t_{\frac{\alpha}{2}}(n-1)$，使

$$P\{|T| > t_{\frac{\alpha}{2}}(n-1)\} = \alpha$$

即 $\{|T| > t_{\frac{\alpha}{2}}(n-1)\}$ 是一个小概率事件。

由样本值计算 $|T_0|$，

- 若 $|T| > t_{\frac{\alpha}{2}}(n-1)$，则否定 H_0；
- 若 $|T| < t_{\frac{\alpha}{2}}(n-1)$，则不能否定 H_0。

称此检验法为 T 检验法，其一般步骤如下。

① 提出待检验假设和备择假设：

$$H_0 : \mu = \mu_0 \qquad H_1 : \mu \neq \mu_0$$

② 选用统计量 $T = \dfrac{\overline{X} - \mu_0}{\sqrt{\dfrac{s^2}{n}}}$，在 H_0 成立的条件下

$$T \sim t(n-1)$$

③ 由给定的检验水平 α,查 t 分布表,得临界值 $t_{\frac{\alpha}{2}}(n-1)$,使

$$P\{|T|>t_{\frac{\alpha}{2}}(n-1)\}=\alpha$$

确定否定域为

$$(-\infty,-t_{\frac{\alpha}{2}}(n-1))\bigcup(t_{\frac{\alpha}{2}}(n-1),+\infty)$$

④ 根据样本观察值计算 $|T_0|$,并与 $t_{\frac{\alpha}{2}}(n-1)$ 比较。

⑤ 结论:

- 若 $|T_0|>t_{\frac{\alpha}{2}}(n-1)$,则否定 H_0;
- 若 $|T_0|<t_{\frac{\alpha}{2}}(n-1)$,则不能否定 H_0;

例 4.2.2 某厂生产钢筋,其标准强度为 $52\ \text{kg/mm}^2$,今抽取 6 个样品,测得其强度数据(单位:kg/mm^2)如下:

$$44.5\quad 49.0\quad 53.5\quad 49.5\quad 56.0\quad 52.5$$

已知钢筋强度 X 服从正态分布,判断这批产品的强度是否合格($\alpha=0.05$)?

解 $H_0:\mu=\mu_0=52$ $H_1:\mu\neq 52$

在 H_0 成立的条件下,

$$T=\frac{\overline{X}-\mu_0}{\sqrt{\frac{s^2}{n}}}\sim t(n-1)$$

由 $\alpha=0.05$,查 t 分布表,得临界值 $t_{\frac{\alpha}{2}}(n-1)=2.571$,即

$$P\{|T|>t_{\frac{\alpha}{2}}(5)\}=\alpha$$

由样本值计算

$$|T_0|=\left|\frac{\overline{X}-\mu_0}{\sqrt{\frac{s^2}{n}}}\right|=\left|\frac{51.5-52}{\sqrt{\frac{8.9}{6}}}\right|=0.4<2.571$$

所以不能否定 H_0,即认为产品的强度与标准强度无显著性差异,就现在样本提供的信息来看,产品是合格的。

基于 R 的求解方法之一如下:

```
x<-c(44.5,  49.0,  53.5,  49.5,  6.0,  52.5)
t.test(x,mu=52,conf.level=0.95,alternative="two.sided")


        One Sample t-test

data: x
t = -0.41054, df = 5, p-value = 0.6984
alternative hypothesis: true mean is not equal to 52
95 percent confidence interval:
44.36923 54.63077
sample estimates:
mean of x
    51.5
```

（3）未知均值 μ，检验 $H_0:\sigma^2=\sigma_0^2,H_1:\sigma^2\neq\sigma_0^2$。

设 $(X_1,X_2,\cdots,X_n)$ 是一个样本，由统计量分布理论知，在 H_0 成立的条件下，

$$\chi^2=\frac{(n-1)s^2}{\sigma^2}\sim\chi^2(n-1)$$

由检验水平 α，查 χ^2 分布表，得临界值 $\chi_{1-\frac{\alpha}{2}}^2(n-1)$ 和 $\chi_{\frac{\alpha}{2}}^2(n-1)$，使

$$P\{\chi^2>\chi_{\frac{\alpha}{2}}^2(n-1)\}=\frac{\alpha}{2},P\{\chi^2<\chi_{1-\frac{\alpha}{2}}^2(n-1)\}=\frac{\alpha}{2}$$

即事件 $\{\chi^2>\chi_{\frac{\alpha}{2}}^2(n-1)\}\bigcup\{\chi^2<\chi_{1-\frac{\alpha}{2}}^2(n-1)\}$ 是小概率事件。

由样本值计算 χ_0^2，并与 $\chi_{1-\frac{\alpha}{2}}^2(n-1)$ 和 $\chi_{\frac{\alpha}{2}}^2(n-1)$ 比较：

- 若 $\chi_0^2>\chi_{\frac{\alpha}{2}}^2(n-1)$ 或 $\chi_0^2<\chi_{1-\frac{\alpha}{2}}^2(n-1)$，则否定 H_0；
- 若 $\chi_{1-\frac{\alpha}{2}}^2(n-1)<\chi_0^2<\chi_{\frac{\alpha}{2}}^2(n-1)$，则不能否定 H_0。

称此检验法为 χ^2 检验，其一般步骤如下。

① 提出待检假设和备择假设

$$H_0:\sigma^2=\sigma_0^2 \qquad H_1:\sigma^2\neq\sigma_0^2$$

② 选用统计量 $\chi^2=\frac{(n-1)s^2}{\sigma^2}$，在 H_0 成立的条件下，

$$\chi^2\sim\chi^2(n-1)$$

③ 由给定的检验水平 α，查 χ^2 分布表，得临界值 $\chi_{1-\frac{\alpha}{2}}^2(n-1)$ 和 $\chi_{\frac{\alpha}{2}}^2(n-1)$，使

$$P\{\chi^2>\chi_{\frac{\alpha}{2}}^2(n-1)\}=P\{\chi^2<\chi_{1-\frac{\alpha}{2}}^2(n-1)\}=\frac{\alpha}{2}$$

即 $\{\chi^2>\chi_{\frac{\alpha}{2}}^2(n-1)\}\bigcup\{\chi^2<\chi_{1-\frac{\alpha}{2}}^2(n-1)\}$ 是小概率事件，确定否定域为

$$(0,\chi_{1-\frac{\alpha}{2}}^2(n-1))\bigcup(\chi_{1-\frac{\alpha}{2}}^2(n-1),+\infty)$$

④ 由样本值计算 χ_0^2，并与 $\chi_{\frac{\alpha}{2}}^2(n-1)$ 和 $\chi_{1-\frac{\alpha}{2}}^2(n-1)$ 比较。

⑤ 结论：

- 若 $\chi_0^2>\chi_{\frac{\alpha}{2}}^2(n-1)$ 或 $\chi_0^2<\chi_{1-\frac{\alpha}{2}}^2(n-1)$，则否定 H_0；
- 若 $\chi_{1-\frac{\alpha}{2}}^2(n-1)<\chi_0^2<\chi_{\frac{\alpha}{2}}^2(n-1)$，则不能否定 H_0。

例 4.2.3 某炼铁厂的铁水含碳量 X 服从正态分布。现对操作工艺进行了某种改进，从中抽取 5 炉铁水，测得含碳量数据如下：

$$4.421 \quad 4.052 \quad 4.353 \quad 4.287 \quad 4.683$$

是否可以认为新工艺炼出的铁水含碳量的方差仍为 $0.108^2(\alpha=0.05)$？

解 $H_0:\sigma^2=\sigma_0^2=0.108^2 \qquad H_1:\sigma^2\neq0.108^2$

在 H_0 成立的条件下，

$$\chi^2=\frac{(n-1)s^2}{\sigma^2}\sim\chi^2(n-1)$$

由给定的检验水平 α，查 χ^2 分布表，得临界值 $\chi_{0.975}^2(4)=11.1$ 和 $\chi_{0.025}^2(4)=0.484$。根据样本观察值计算

$$\chi_0^2=\frac{(n-1)s^2}{\sigma^2}=\frac{4\times0.228^2}{0.108^2}\approx17.827>11.1$$

所以否定 H_0，即不能认为方差是 0.108^2。

基于 R 的求解方法之一如下：

```
x<-c(4.421, 4.052, 4.353, 4.287, 4.683)
sigmatest<-function(x,sigma){
  n<-length(x)
  xs<-sum((x-mean(x))^2)/sigma^2
  p<-1-pchisq(xs,n-1)
  return(data.frame(xs=xs,p=p))
  }
sigmatest(x,0.108)
        xs              p
1 17.85741 0.001315848
```

从 p 值看，小于 0.05 拒绝原假设，即否定 H_0，不能认为方差是 0.108^2。

以上三种类型，否定域均为双侧区间，这种参数假设检验称为双侧检验，这时，常省略备择假设 H_1。下面三种类型，其否定域均为单侧区间，这种参数的假设检验称为单侧检验。

（4）已知方差 σ^2，检验 $H_0 : \mu \leqslant \mu_0$，$H_1 : \mu > \mu_0$。

设 $(X_1, X_2, \cdots, X_n)$ 是一个样本，在 H_0 成立的条件下，

$$U_1 = \frac{\overline{X} - \mu_0}{\sqrt{\sigma^2/n}} \leqslant \frac{\overline{X} - \mu}{\sqrt{\sigma^2/n}} = U \sim N(0,1)$$

于是，对于任何实数 λ，都有

$$\left\{ \frac{\overline{X} - \mu_0}{\sqrt{\sigma^2/n}} > \lambda \right\} \subset \left\{ \frac{\overline{X} - \mu}{\sqrt{\sigma^2/n}} > \lambda \right\}$$

由检验水平 α，查标准正态分布表，得临界值 u_α，使 $P\{U > u_\alpha\} = \alpha$，即

$$\left\{ \frac{\overline{X} - \mu_0}{\sqrt{\sigma^2/n}} > u_\alpha \right\} \subset \left\{ \frac{\overline{X} - \mu}{\sqrt{\sigma^2/n}} > u_\alpha \right\}$$

都是小概率事件。

这时，H_0 的否定域为 $(u_\alpha, +\infty)$，由样本观察值计算 $U_{1,0}$，若 $U_{1,0}$ 落入否定域，即可作出否定 H_0 的结论。由此我们得到单侧检验的步骤完全类似双侧检验，只要注意它的否定域仅为单侧区间即可。显然，单侧检验比双侧检验灵敏，这是有代价的，即事先对待检验的参数有较多的了解。

例 4.2.4　已知某种水果罐头 VC（维生素 C）的含量服从正态分布。标准差为 $3.98\,\mathrm{mg}$。产品质量标准中，VC 的平均含量必须大于 $21\,\mathrm{mg}$。现从一批这种水果罐头中抽取 17 罐，测得 VC 含量平均值 $\overline{x} = 23\,\mathrm{mg}$。问这批罐头的 VC 含量是否合格（$\alpha = 0.05$）？

解　因为本题要求 VC 的平均含量必须大于 $21\,\mathrm{mg}$，少了判为不合格品，所以用单侧检验。

$$H_0 : \mu \leqslant \mu_0 = 21 \qquad H_1 : \mu > 21$$

在 H_0 成立的条件下，

$$U_1 = \frac{\overline{X} - \mu_0}{\sqrt{\frac{\sigma^2}{n}}} \leqslant \frac{\overline{X} - \mu}{\sqrt{\frac{\sigma^2}{n}}} = U \sim N(0,1)$$

由检验水平 α，查标准正态分布表，得临界值 $u_\alpha = 1.38$，确定否定域为 $(u_\alpha, +\infty)$。

由样本观察值计算

$$U_{1,0} = \frac{\overline{X} - \mu_0}{\sqrt{\frac{\sigma^2}{n}}} = \frac{23 - 21}{\sqrt{\frac{3.98^2}{17}}} = 2.07 > 1.38$$

所以，否定 H_0，即认为这批罐头的 VC 含量符合标准。

类似地，可以得到如下两类单侧检验的否定域。

（5）未知方差 σ^2，检验 $H_0: \mu \leqslant \mu_0$，$H_1: \mu > \mu_0$。

否定域为 $(t_\alpha(n-1), +\infty)$。

（6）未知均值 μ，检验 $H_0: \sigma^2 \leqslant \sigma_0^2$，$H_1: \sigma^2 > \sigma_0^2$。

否定域为 $(\chi_\alpha^2(n-1), +\infty)$。

例 4.2.5 机器包装食盐，假设每袋盐重服从正态分布，规定每袋盐标准重量为 500 g，标准差不能超过 10 g。某日开工后，从装好的食盐中随机抽取 9 袋，测得重量（单位：g）为

$$497 \quad 507 \quad 510 \quad 475 \quad 484 \quad 488 \quad 524 \quad 491 \quad 515$$

问这天包装机的工作是否正常（$\alpha = 0.05$）？

解 包装机工作正常指 $\mu = 500$ g 和 $\sigma^2 \leqslant 10^2$，因此分两步进行检验。

① $H_0: \mu = \mu_0 = 500$，$H_1: \mu \neq 500$。

在 H_0 成立的条件下，

$$t = \frac{\overline{X} - \mu_0}{\sqrt{\frac{s^2}{n}}} \sim t(n-1)$$

由检验水平 α，查 t 分布表，得临界值 $t_{\frac{\alpha}{2}}(8) = 2.306$。

由样本值计算得

$$|t_0| = \left| \frac{\overline{X} - \mu_0}{\sqrt{\frac{s^2}{n}}} \right| = \left| \frac{499 - 500}{\sqrt{\frac{16.03^2}{9}}} \right| \approx 0.187 < 2.306$$

所以，不能否定 H_0，即可以认为平均每袋盐重为 500 g。

② $H_0': \sigma^2 \leqslant 10^2$，$H_1': \sigma^2 > 10^2$。

在 H_0' 成立的条件下，

$$\chi_1^2 = \frac{(n-1)s^2}{10^2} \leqslant \frac{(n-1)s^2}{\sigma^2} = \chi^2 \sim \chi^2(n-1)$$

由检验水平 α，查 χ^2 分布表，得临界值 $\chi_\alpha^2(8) = 15.507$。

由样本值计算得

$$\chi_{1,0}^2 = \frac{(n-1)s^2}{\sigma_0^2} = \frac{8 \times 16.03^2}{10^2} \approx 20.56 > 15.5$$

所以，否定 H_0'，即可以认为方差超过 10^2，包装机工作不稳定。

由①、②可以认为，包装机工作不正常。

基于 R 的求解方法如下：

```
x<-c(497, 507, 510, 475, 484, 488, 524, 491, 515)
t.test(x,mu=500,conf.level=0.95,alternative="two.sided")
```

One Sample t-test

data：x

t = -0.18713, df = 8, p-value = 0.8562

alternative hypothesis：true mean is not equal to 500

95 percent confidence interval：

486.6773 511.3227

sample estimates：

mean of x

   499

从 p 值看,不能拒绝原假设。

```
x<-c(497, 507, 510, 475, 484, 488, 524, 491, 515)
> sigmatest<-function(x,sigma){
  n<-length(x)
  xs<-sum((x-mean(x))^2)/sigma^2
  p<-1-pchisq(xs,n-1)
  return(data.frame(xs=xs,p=p))
}
sigmatest(x,10)
     xs           p
1 20.56 0.008412798
```

从 p 值看,拒绝原假设,不认为方差小于 10^2。

4.3 两个正态总体的假设检验

设总体 $X \sim N(\mu_1, \sigma_1^2)$，$Y \sim N(\mu_2, \sigma_2^2)$，且 X 和 Y 独立，$(X_1, X_2, \cdots, X_{n_1})$ 和 $(Y_1, Y_2, \cdots, Y_{n_2})$ 分别是来自总体 X 和 Y 的样本。关于两个正态总体的假设检验,主要有下面几种类型。

1. 均值(或均值差)的检验

(1) 已知方差 σ_1^2 和 σ_2^2，检验 $H_0: \mu_1 = \mu_2$，$H_1: \mu_1 \neq \mu_2$。

在 H_0 成立的条件下，

$$U = \frac{\overline{X} - \overline{Y}}{\sqrt{\dfrac{\sigma_1^2}{n_1} + \dfrac{\sigma_2^2}{n_2}}} \sim N(0,1)$$

由检验水平 α，查标准正态分布表,得临界值 $u_{\frac{\alpha}{2}}$，使 $P\{|U| > u_{\frac{\alpha}{2}}\} = \alpha$，即 $\{|U| > u_{\frac{\alpha}{2}}\}$ 是

小概率事件,

由样本值计算 $|U_0|$,并与 $u_{\frac{\alpha}{2}}$ 比较:

- 若 $|U_0|>u_{\frac{\alpha}{2}}$,则否定 H_0;
- 若 $|U_0|<u_{\frac{\alpha}{2}}$,则不能否定 H_0。

(2)未知 σ_1^2 和 σ_2^2,但已知 $\sigma_1^2=\sigma_2^2$,检验 $H_0:\mu_1=\mu_2$,$H_1:\mu_1\neq\mu_2$。

这种类型的检验步骤与类型(1)相似。但必须选用下面的统计量:

$$T=\frac{\overline{X}-\overline{Y}}{\sqrt{\dfrac{(n_1+n_2)[(n_1-1)s_1^2+(n_2-1)s_2^2]}{n_1n_2(n_1+n_2-2)}}}$$

其中,

$$s_1^2=\frac{1}{n_1-1}\sum_{i=1}^{n_1}(X_i-\overline{X})^2,s_2^2=\frac{1}{n_2-1}\sum_{i=1}^{n_2}(Y_i-\overline{Y})^2$$

且在 H_0 成立的条件下,$T\sim t(n_1+n_2-2)$。

(3)未知 σ_1^2 和 σ_2^2,且 $\sigma_1^2\neq\sigma_2^2$,但 $n_1=n_2=n$,检验 $H_0:\mu_1=\mu_2$,$H_1:\mu_1\neq\mu_2$。

通常采用配对试验的 t 检验法,其做法如下。

令

$$Z_i=X_i-Y_i,\quad i=1,2,\cdots,n$$

则

$$Z_i\sim N(\mu_1-\mu_2,\sigma_1^2+\sigma_2^2)$$

视 $(Z_1,Z_2,\cdots,Z_n)$ 为总体 $Z\sim N(\mu_1-\mu_2,\sigma_1^2+\sigma_2^2)$ 的一个样本,于是所要进行的检验等价于一个正态总体,方差未知,检验

$$H_0:\mu_1-\mu_2=0,H_1:\mu_1-\mu_2\neq0$$

记

$$\overline{Z}=\frac{1}{n}\sum_{i=1}^{n}Z_i,s^2=\frac{1}{n-1}\sum_{i=1}^{n}(Z_i-\overline{Z})^2$$

则在 H_0 成立的条件下,选用统计量

$$T=\frac{\overline{Z}}{\sqrt{\dfrac{S^2}{n}}}\sim t(n-1)$$

即可。

这种检验通常应用于用两种产品、两种仪器、两种方法得到成对数据,需要比较其质量或效果好坏的情况。

(4)未知 σ_1^2 和 σ_2^2,且 $\sigma_1^2\neq\sigma_2^2$,$n_1\neq n_2(n_1<n_2)$,检验 $H_0:\mu_1=\mu_2$,$H_1:\mu_1\neq\mu_2$。

令

$$Z_i=X_i-\sqrt{\frac{n_1}{n_2}}Y_i+\frac{1}{\sqrt{n_1n_2}}\sum_{k=1}^{n_1}Y_k-\frac{1}{n_2}\sum_{k=1}^{n_2}Y_k,i=1,2,\cdots,n_1$$

则

$$E(Z_i)=\mu_1-\sqrt{\frac{n_1}{n_2}}\mu_2+\sqrt{\frac{n_1}{n_2}}\mu_2-\mu_2=\mu_1-\mu_2$$

$$D(Z_i) = E[X_i - \mu_1 - \sqrt{\frac{n_1}{n_2}}(Y_i - \mu_2) + \frac{1}{\sqrt{n_1 n_2}} \sum_{k=1}^{n_1}(Y_k - \mu_2) - \frac{1}{n_2}\sum_{k=1}^{n_2}(Y_k - \mu_2)]^2$$

$$= \sigma_1^2 + \frac{n_1}{n_2}\sigma_2^2 + \sigma_2^2(\frac{n_1}{n_1 n_2} + \frac{n_2}{n_2^2} - \frac{2}{n_2} + \frac{2\sqrt{n_1}}{n_2\sqrt{n_2}} - \frac{2n_1}{n_2\sqrt{n_1 n_2}})$$

$$= \sigma_1^2 + \frac{n_1}{n_2}\sigma_2^2$$

其中,

$$\mathrm{Cov}(Z_i, Z_j) = 0 \quad (i \neq j, i, j = 1, 2, \cdots, n_1)$$

于是,视 $(Z_1, Z_2, \cdots, Z_{n_1})$ 为来自正态总体 $N(\mu_1 - \mu_2, \sigma_1^2 + \frac{n_1}{n_2}\sigma_2^2)$ 的一个样本。原来的问题等价于一个正态总体,未知方差,检验 $H_0: \mu_1 - \mu_2 = 0, H_1: \mu_1 - \mu_2 \neq 0$。

在 H_0 成立的条件下,选用统计量

$$T = \frac{\overline{Z}}{\sqrt{\frac{S^2}{n}}} \sim t(n-1)$$

即可,其中

$$\overline{Z} = \frac{1}{n_1}\sum_{i=1}^{n_1} Z_i, S^2 = \frac{1}{n_1 - 1}\sum_{i=1}^{n_1}(Z_i - \overline{Z})$$

2. 方差(或方差比)的检验

未知均值 μ_1 和 μ_2,检验 $H_0: \sigma_1^2 = \sigma_2^2, H_1: \sigma_1^2 \neq \sigma_2^2$。

在 H_0 成立的条件下,

$$F = \frac{s_1^2}{s_2^2} \sim F(n_1 - 1, n_2 - 1)$$

由检验水平 α,查 F 分布表,得临界值

$$F_{1-\frac{\alpha}{2}}(n_1 - 1, n_2 - 1), F_{\frac{\alpha}{2}}(n_1 - 1, n_2 - 1)$$

使

$$P\{F > F_{\frac{\alpha}{2}}(n_1 - 1, n_2 - 1)\} = \frac{\alpha}{2}, P\{F < F_{1-\frac{\alpha}{2}}(n_1 - 1, n_2 - 1)\} = \frac{\alpha}{2}$$

即

$$\{F < F_{1-\frac{\alpha}{2}}(n_1 - 1, n_2 - 1)\} \bigcup \{F > F_{\frac{\alpha}{2}}(n_1 - 1, n_2 - 1)\}$$

是小概率事件。由样本值计算 F_0,并与临界值进行比较:
- 若 $F_0 > F_{\frac{\alpha}{2}}(n_1 - 1, n_2 - 1)$,或 $F_0 < F_{1-\frac{\alpha}{2}}(n_1 - 1, n_2 - 1)$,则否定 H_0;
- 若 $F_{1-\frac{\alpha}{2}}(n_1 - 1, n_2 - 1) < F_0 < F_{\frac{\alpha}{2}}(n_1 - 1, n_2 - 1)$,则不能否定 H_0,称

$$(0, F_{1-\frac{\alpha}{2}}(n_1 - 1, n_2 - 1)) \bigcup (F_{\frac{\alpha}{2}}(n_1 - 1, n_2 - 1), +\infty)$$

为否定域。

例 4.3.1 甲、乙两台机床,生产同一型号的滚珠,由以往经验可知,两台机床生产的滚

珠直径都服从正态分布,现从这两台机床生产的滚珠中分别抽出 5 个和 4 个,测得其直径(单位:mm)如下:

甲机床:24.3　20.8　23.7　21.3　17.4

乙机床:14.2　16.9　20.2　16.7

问:甲、乙两台机床生产的滚珠直径的方差有无显著差异($\alpha = 0.05$)?

解　$H_0 : \sigma_1^2 = \sigma_2^2$　$H_1 : \sigma_1^2 \neq \sigma_2^2$

在 H_0 成立的条件下,

$$F = \frac{s_1^2}{s_2^2} \sim F(n_1 - 1, n_2 - 1)$$

由检验水平 α,查 F 分布表,得临界值

$$F_{0.975}(4,3) = 15.10$$

和

$$F_{0.025}(4,3) = \frac{1}{F_{0.975}(3,4)} = \frac{1}{9.98} \approx 0.10$$

由样本值计算

$$F_0 = \frac{s_1^2}{s_2^2} = \frac{7.50}{2.59} \approx 2.9$$

因为 $0.10 < F_0 < 15.10$,所以不能否定 H_0,即认为方差无显著差异。

基于 R 的求解方法之一如下:

```
x <- c(24.3,  20.8,  23.7,  21.3,  17.4)
y <- c(14.2,  16.9,  20.2,  6.7)
var.test(x,y,ratio = 1,conf.level = 0.95,alternative = "two.sided")
```

```
        F test to compare two variances

data:  x and y
F = 2.894, num df = 4, denom df = 3, p-value = 0.4092
alternative hypothesis: true ratio of variances is not equal to 1
95 percent confidence interval:
   0.1916405  28.8793901
sample estimates:
ratio of variances
         2.893959
```

从 p 值可以看出不能否认原假设。

- 对于单侧检验 $H_0 : \sigma_1^2 \geqslant \sigma_2^2$,$H_1 : \sigma_1^2 < \sigma_2^2$,其否定域为 $(0, F_{1-\alpha}(n_1 - 1, n_2 - 1))$;
- 对于单侧检验 $H_0 : \sigma_1^2 \leqslant \sigma_2^2$,$H_1 : \sigma_1^2 > \sigma_2^2$,其否定域为 $(F_\alpha(n_1 - 1, n_2 - 1), +\infty)$。

通常遇到的参数假设检验的各种类型及否定域如表 4.3.1 所示。

表 4.3.1 正态总体均值、方差的检验法(显著性水平为 α)

原假设 H_0	检验统计量	H_0 为真时统计量的分布	备择假设 H_1	拒绝域
$\mu = \mu_0$ (σ^2 已知)	$u = \dfrac{\overline{x} - \mu_0}{\dfrac{\sigma}{\sqrt{n}}}$	$N(0,1)$	$\mu > \mu_0$ $\mu < \mu_0$ $\mu \neq \mu_0$	$u > u_\alpha$ $u < -u_\alpha$ $\|u\| > u_{\frac{\alpha}{2}}$
$\mu = \mu_0$ (σ^2 未知)	$t = \dfrac{\overline{x} - \mu_0}{\dfrac{s}{\sqrt{n}}}$	$t(n-1)$	$\mu > \mu_0$ $\mu < \mu_0$ $\mu \neq \mu_0$	$t > t_\alpha(n-1)$ $t < -t_\alpha(n-1)$ $\|t\| > t_{\frac{\alpha}{2}}(n-1)$
$\sigma^2 = \sigma_0^2$ (μ 未知)	$\chi^2 = \dfrac{(n-1)s^2}{\sigma_0^2}$	$\chi^2(n-1)$	$\sigma^2 > \sigma_0^2$ $\sigma^2 < \sigma_0^2$ $\sigma^2 \neq \sigma_0^2$	$\chi^2 > \chi_\alpha^2(n-1)$ $\chi^2 < \chi_{1-\alpha}^2(n-1)$ $\chi^2 > \chi_{\frac{\alpha}{2}}^2(n-1)$ 或 $\chi^2 < \chi_{1-\frac{\alpha}{2}}^2(n-1)$
$\mu_d = \mu_1 - \mu_2 = 0$ (成对数据)	$t = \dfrac{\overline{z}}{\dfrac{s}{\sqrt{n}}}$	$t(n-1)$	$\mu_d > 0$ $\mu_d < 0$ $\mu_d \neq 0$	$t > t_\alpha(n-1)$ $t < -t_\alpha(n-1)$ $\|t\| > t_{\frac{\alpha}{2}}(n-1)$
$\mu_1 - \mu_2 = \delta$ (σ_1^2 和 σ_2^2 已知)	$u = \dfrac{\overline{x} - \overline{y} - \delta}{\sqrt{\dfrac{\sigma_1^2}{n_1} + \dfrac{\sigma_2^2}{n_2}}}$	$N(0,1)$	$\mu_1 - \mu_2 > \delta$ $\mu_1 - \mu_2 < \delta$ $\mu_1 - \mu_2 \neq \delta$	$t > t_\alpha(n-1)$ $t < -t_\alpha(n-1)$ $\|t\| > t_{\frac{\alpha}{2}}(n-1)$
$\mu_1 - \mu_2 = \delta$ ($\sigma_1^2 = \sigma_2^2 = \sigma^2$ 未知)	$t = \dfrac{\overline{x} - \overline{y} - \delta}{s_w \sqrt{\dfrac{1}{n_1} + \dfrac{1}{n_2}}}$, $s_w^2 = \dfrac{(n_1-1)s_1^2 + (n_2-1)s_2^2}{n_1 + n_2 - 2}$	$t(n_1 + n_2 - 2)$	$\mu_1 - \mu_2 > \delta$ $\mu_1 - \mu_2 < \delta$ $\mu_1 - \mu_2 \neq \delta$	$t > t_\alpha(n_1 + n_2 - 2)$ $t < -t_\alpha(n_1 + n_2 - 2)$ $\|t\| > t_{\frac{\alpha}{2}}(n_1 + n_2 - 2)$
$\sigma_1^2 = \sigma_2^2$ (μ_1 和 μ_2 未知)	$F = \dfrac{s_1^2}{s_2^2}$	$F(n_1 - 1, n_2 - 1)$	$\sigma_1^2 > \sigma_2^2$ $\sigma_1^2 < \sigma_2^2$ $\sigma_1^2 \neq \sigma_2^2$	$F > F_\alpha(n_1 - 1, n_2 - 1)$ $F > F_{1-\alpha}(n_1 - 1, n_2 - 1)$ $F > F_{\frac{\alpha}{2}}(n_1 - 1, n_2 - 1)$ 或 $F < F_{1-\frac{\alpha}{2}}(n_1 - 1, n_2 - 1)$

4.4 假设检验中的两类错误

假设检验的判断依据是一个样本。这种由部分推断整体的做法难免产生错误。假设检验产生的错误有两种。

(1) 第一类错误指,H_0 是正确的,而检验结果却否定了 H_0,称此类错误为弃真错误,其概率为 α,即 $P\{$否定 $H_0 | H_0$ 正确$\} = \alpha$。因此,假设检验中预先给定的检验水平 α 是检验可能犯弃真错误的概率。

(2) 第二类错误指,H_0 是不正确的,而检验结果却未否定 H_0,称此类错误为取伪错误,其概率为 β,即 $P\{$未否定 $H_0 | H_0$ 不正确$\} = \beta$。

为了更直观地理解两类错误的概率,我们仅就一个正态总体,已知方差 σ^2,检验 $H_0:\mu=\mu_0$,$H_1:\mu\neq\mu_0$。在 $\mu>\mu_0$ 的情况作图,如图 4.4.1 所示,图中网格部分表示 β 的大小。

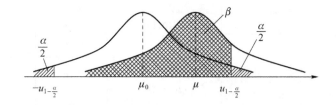

图 4.4.1　两类错误之间的关系

在实际工作中,两类错误造成的影响常常是不一样的。例如,在降落伞的产品质量检验时,人们希望宁可把合格的降落伞错判为不合格,而不愿把不合格的降落伞判为合格,以致造成人身伤亡,为此,尽量减小 β;而对价格高昂的产品,生产者希望检验时把合格品当作不合格品的可能性尽量小,即 α 要尽量小。

人们希望检验时犯两类错误的概率越小越好,但在样本容量 n 确定时,犯这两类错误的概率难以同时被控制。即当 α 减小时,β 反而增大;而 β 减小时,α 反而增大。通常的做法是固定 α(或 β),而使另一个 β(或 α)尽量减小。

4.5　非参数检验

在 4.2 节和 4.3 节中,介绍了总体参数的假设检验方法。本节将要介绍非参数的假设检验,主要讨论关于总体分布和随机变量独立性的假设检验。

4.5.1　总体分布的假设检验

在许多问题中,我们不知道总体服从什么类型的分布,这就需要根据样本对总体分布函数 $F(x)$ 进行假设检验。这种考察理论分布曲线和实际观察曲线相适合程度的检验,常称为拟合适度检验。χ^2 拟合适度检验(K. Pearson,皮尔逊检验法)是这种检验的常用方法。它是先根据样本和其他信息,对总体分布提出假设 H_0:总体 X 的分布函数是 $F(x)$,H_1:总体 X 的分布函数不是 $F(x)$。这时,H_1 通常省略不写。分布函数中的未知参数,可以在 H_0 成立的条件下,用参数估计中的点估计方法先进行估计。

上面提出的假设,在总体 X 是离散型时,也可以提出如下假设 H_0:总体 X 的分布律为 $P\{X=x_i\}=p_i$,$i=1,2,3,\cdots$。在总体 X 是连续型时,也可以提出如下假设 H_0:总体 X 的概率密度函数为 $f(x)$。

现在就分布函数 $F(x)$ 的假设进行检验,检验方法如下。

① 提出假设 H_0:总体 X 的分布函数是 $F(x)$。

② 在数轴上取 $k-1$ 个分点:$t_1<t_2<\cdots<t_{k-1}$,将数轴分为 k 个区间:$(-\infty,t_1]$,$(t_1,t_2]$,$(t_2,t_3]$,$\cdots$,$(t_{k-2},t_{k-1}]$,$(t_{k-1},+\infty)$。

③ 由假设的分布函数计算概率 $p_i(i=1,2,\cdots,k)$ 的值:

$$p_1 = P\{X \leqslant t_1\} = F(t_1)$$

$$p_2 = P\{t_1 < X \leqslant t_2\} = F(t_2) - F(t_1)$$

$$\cdots$$

$$p_{k-1} = P\{t_{k-2} < X \leqslant t_{k-1}\} = F(t_{k-1}) - F(t_{k-2})$$

$$p_k = P\{X \geqslant t_{k-1}\} = 1 - F(t_{k-1})$$

④ 设样本观察值为 $x_1, x_2, \cdots, x_n$。计算样本值落在第 i 个小区间的个数 $f_i (i = 1, 2, \cdots, k)$。

⑤ 在样本容量 n 较大(一般要求 n 至少大于 50,最好在 100 以上)和 H_0 成立的条件下,频率 $\dfrac{f_i}{n}$ 与 p_i 应该比较接近。皮尔逊用统计量 $\chi^2 = \sum\limits_{i=1}^{k} \dfrac{(f_i - np_i)^2}{np_i} \sim \chi^2(k-r-1)$,其中,$r$ 为 $F(x)$ 中利用样本值求得的极大似然估计的参数个数。

⑥ 由检验水平 α,查 χ^2 分布表,得临界值 $\chi^2_{1-\alpha}(k-r-1)$,使

$$P\{\chi^2 > \chi^2_{1-\alpha}(k-r-1)\} = \alpha$$

⑦ 由样本值计算 $\chi^2_0 = \sum\limits_{i=1}^{k} \dfrac{(f_i - np_i)^2}{np_i}$,并与 $\chi^2_{1-\alpha}(k-r-1)$ 比较:

• 若 $\chi^2 > \chi^2_{1-\alpha}(k-r-1)$,则否定 H_0;

• 若 $\chi^2 < \chi^2_{1-\alpha}(k-r-1)$,则不能否定 H_0。

在应用 χ^2 检验法时,n 要充分大,np_i 不太小。根据实践,$n \geqslant 50$,$np_i \geqslant 5 (i = 1, 2, \cdots, k)$。若 $np_i < 5$,则应适当合并区间,使 $np_i \geqslant 5$。

关于总体分布的检验,随着计算机的快速发展,而采用统计模拟的方法构造出总体的经验分布,由格里汶科定理可知,当样本充分大时,经验分布近似精确分布。

例 4.5.1 某厂生产的螺栓中,随机地抽取 50 个,测得其长度数据(单位:mm)如下:

25.20	35.40	26.00	33.20	31.20	34.00	29.00	24.20	32.80	31.00
29.80	31.60	31.00	34.60	27.40	30.60	37.00	34.60	35.00	16.00
31.00	37.00	32.80	28.80	31.20	38.00	37.40	29.40	35.00	29.80
37.00	34.60	29.40	33.00	29.80	34.80	32.20	30.60	34.00	26.80
33.40	25.00	29.60	29.00	46.00	27.80	33.40	25.00	33.00	36.40

试分析该厂生产的这批产品的长度服从什么分布($\alpha = 0.05$)?

解 $H_0: X \sim N(31.60, 4.66^2)$ $H_1: X \nsim N(31.60, 4.66^2)$

由样本值计算,得 $\hat{\mu} = \bar{x} = 31.60$,$\hat{\sigma}^2 = s^2 = 4.66^2$,用下面六个分点把 x 轴分成七个区间:$t_1 = 24.50, t_2 = 27.00, t_3 = 29.50, t_4 = 32.00, t_5 = 34.50, t_6 = 37.00$。七个区间是:$(-\infty, 24.50], (24.50, 27.00], (27.00, 29.50], (29.50, 32.00], (32.00, 34.50], (34.50, 37.00], (37.00, +\infty)$。求出样本值落入第 i 个区间 $(t_i, t_{i-1}]$ 上的频数 f_i 为 2, 5, 7, 12, 10, 11, 3。

在 H_0 成立的条件下,计算 X 落入第 i 个区间的概率 p_i:

$$p_i = P\{t_{i-1} < X \leqslant t_i\} = F(t_i) - F(t_{i-1})$$

先计算 $F(t_i)$:

$$F(t_1)=F(24.50)=\varPhi\left(\frac{24.50-31.60}{4.66}\right)=\varPhi(-1.52)=1-\varPhi(1.52)=0.064$$

$$F(t_2)=F(27.00)=\varPhi\left(\frac{27.00-31.60}{4.66}\right)=\varPhi(-0.99)=1-\varPhi(0.99)=0.161$$

$$F(t_3)=F(29.50)=\varPhi\left(\frac{29.50-31.60}{4.66}\right)=\varPhi(-0.45)=1-\varPhi(0.45)=0.326$$

$$F(t_4)=F(32.00)=\varPhi(\frac{32.00-31.60}{4.66})=\varPhi(0.086)=0.538$$

$$F(t_5)=F(34.50)=\varPhi(\frac{34.50-31.60}{4.66})=\varPhi(0.62)=0.732$$

$$F(t_6)=F(37.00)=\varPhi(\frac{37.00-31.60}{4.66})=\varPhi(1.16)=0.877$$

代入计算 p_i 的值：

$$p_1=F(t_1)=0.064,\ p_2=F(t_2)-F(t_1)=0.097$$
$$p_3=F(t_3)-F(t_2)=0.165,\ p_4=F(t_4)-F(t_3)=0.212$$
$$p_5=F(t_5)-F(t_4)=0.194,\ p_6=F(t_6)-F(t_5)=0.145$$
$$p_7=1-F(t_6)=0.123$$

计算结果如表 4.5.1 所示。

表 4.5.1　卡方统计量计算表

区间	频数 f_i	概率 p_i	np_i	$(f_i-np_i)^2$	$\dfrac{(f_i-np_i)^2}{np_i}$
$(-\infty,27.00]$	7	0.161	8.05	1.10	0.137
$(27.00,29.50]$	7	0.165	4.25	1.56	0.189
$(29.50,32.00]$	12	0.212	10.6	1.96	0.185
$(32.00,34.50]$	10	0.194	9.7	0.09	0.009
$(34.50,37.00]$	11	0.145	7.25	14.06	1.939
$(37.00,+\infty)$	3	0.123	6.15	9.92	1.613
$\sum$					4.072

其中,有些 $np_i<5$,前两个区间 $(-\infty,24.50]$ 和 $(24.50,27.00]$ 需合并为一个区间 $(-\infty,27.00]$,使所有 $np_i\geqslant5$,经合并后,$K=6$,$r=2$,所以,$k-r-1=3$,由 $\alpha=0.05$,查表得临界值 $\chi^2_{0.05}(3)=7.815$,由样本值计算

$$\chi^2_0=\sum_{i=1}^6\frac{(f_i-np_i)^2}{np_i}=0.137+0.189+0.185+0.009+1.939+1.613$$
$$=4.072<7.815$$

所以不能否定 H_0,即认为这批产品的长度服从正态分布 $N(31.60,4.66^2)$。

对于连续型随机变量,用 χ^2 检验法计算量很大。但是,对于离散型随机变量,计算量要小得多,使用起来较方便。

基于 R 的求解方法之一如下：

```
x<-c(25.20,   35.40,   26.00,   33.20,   31.20,   34.00,   29.00,   24.20,
```

32.80，　31.00，　29.80，　31.60，　31.00，　34.60，　27.40，　30.60，　37.00，　34.60，

35.00，　16.00，　31.00，　37.00，　32.80，　28.80，　31.20，　38.00，　37.40，　29.40，

35.80，　29.80，　37.00，　34.60，　29.40，　33.00，　29.80，　34.80，　32.20，　30.60，

34.00，　26.80，　33.40，　25.00，　29.60，　29.00，　46.00，　27.80，　33.40，　25.00，

33.00，　36.40）

```
y <- rnorm(50,mean(x),sd(x))
ks.test(x,y,alternative = "two.sided")
```

　　　　　Two-sample Kolmogorov-Smirnov test

data：　x and y

D = 0.12, p-value = 0.8643

alternative hypothesis：two-sided

从 p 值看，不能否认来自正态分布，均值方差由 x 的样本均值和方差确定。

例 4.5.2　掷一枚硬币 100 次，"正面"出现了 40 次，问这枚硬币是否匀称（$\alpha = 0.05$）？

解　如果硬币是匀称的，则"正面"出现的概率应为 $1/2$。记 $X = 1$ 表示"正面"出现，$X = 0$ 表示"反面"出现。

$$H_0:P\{X=1\}=P\{X=0\}=1/2$$

用一个分点 0.5 把数轴分为两部分：$(-\infty, 0.5]$，$(0.5, +\infty)$。

$$p_1 = P\{X \leqslant 0.5\} = P\{X=0\}, \quad p_2 = P\{X > 0.5\} = P\{X=1\}$$

如果 H_0 成立，则 $p_1 = p_2 = 1/2$，且 $\chi^2 = \sum_{i=1}^{2} \frac{(f_i - np_i)^2}{np_i} \sim \chi^2(2-1)$。由检验水平 α，查表得临界值 $\chi^2_{0.05}(1) = 3.84, np_1 = 50, np_2 = 50, f_1 = 60, f_2 = 40$，得

$$\chi^2 = \frac{(60-50)^2}{50} + \frac{(40-50)^2}{50} = 4 > 3.84$$

所以否定 H_0，即认为这枚硬币不是匀称的。

基于 R 的求解方法之一如下：

```
binom.test(40, 100, p = 0.5,alternative = "less",conf.level = 0.95)
```

　　　　　Exact binomial test

data：　40 and 100

number of successes = 40, number of trials =100, p-value = 0.02844

alternative hypothesis：true probability of success is less than 0.5

95 percent confidence interval：

0.0000000 0.4870242

sample estimates：

probability of success

从 p 值可以看出，拒绝原假设，即认为硬币是不均匀的。

4.5.2　独立性的检验

设二维随机变量(X,Y)的联合分布函数为$F(x,y)$，X和Y的边缘分布函数分别为$F_X(x)$和$F_Y(y)$。为检验X和Y的独立性，只需检验

$$H_0:F(x,y)=F_X(x)F_Y(y)，对一切\ x,y\ 成立$$

$$H_1:F(x,y)\neq F_X(x)F_Y(y)，存在\ x,y\ 使式子成立$$

将X和Y的取值范围分别分成r和k个区间：

$$A_1=(-\infty,t_1],A_2=(t_1,t_2],\cdots,A_{r-1}=(t_{r-2},t_{r-1}],A_r=(t_{r-1},+\infty)$$

$$B_1=(-\infty,s_1],B_2=(s_1,s_2],\cdots,B_{k-1}=(s_{k-2},s_{k-1}],B_k=(s_{k-1},+\infty)$$

若(X,Y)的样本为$(x_1,y_1),(x_2,y_2),\cdots,(x_n,y_n)$，记$n_{ij}$为$X$落入$A_i$、$Y$落入$B_j$的样本值的频数。用表格表示如表4.5.2所示（称为$r\times k$列联表）。

表 4.5.2　联合频数与边缘频数关系表

n_{ij} (X / Y)	$A_1\quad A_2\quad \cdots\quad A_r$	$n._j=\sum\limits_{i=1}^{r}n_{ij}$
B_1	$n_{11}\quad n_{21}\quad \cdots\quad n_{r1}$	$n._1$
B_2	$n_{12}\quad n_{22}\quad \cdots\quad n_{r2}$	$n._2$
$\vdots$	$\vdots$	$\vdots$
B_s	$n_{1s}\quad n_{2s}\quad \cdots\quad n_{rs}$	$n._s$
$n_i.=\sum\limits_{j=1}^{s}n_{ij}$	$n_1.\quad n_2.\quad \cdots\quad n_r.$	n

令

$$\hat{p}_i.=\frac{n_i.}{n},\hat{p}._j=\frac{n._j}{n},i=1,2,\cdots r,j=1,2,\cdots k$$

记

$$\chi_n^2=\sum_{i=1}^{r}\sum_{j=1}^{k}\frac{(n_{ij}-n\hat{p}_i.\hat{p}._j)^2}{n\hat{p}_i.\hat{p}._j}$$

当$n\to\infty$时，$\chi_n^2\sim\chi^2(rk-r-k+1)$

由检验水平α，查χ^2分布表，得临界值$\chi_{1-\alpha}^2(rk-r-k+1)$，使

$$P\{\chi_n^2>\chi_{1-\alpha}^2(rk-r-k+1)\}=\alpha$$

由样本值计算$\chi_{n.0}^2$的值：

- 若$\chi_{n.0}^2>\chi_{1-\alpha}^2(rk-r-k+1)$，则否定$H_0$；
- 若$\chi_{n.0}^2<\chi_{1-\alpha}^2(rk-r-k+1)$，则不能否定$H_0$。

对于最简单的2×2列联表（如表4.5.3所示）

$$\chi^2=\frac{(a+b+c+d)(ad-bc)^2}{(a+b)(c+d)(a+c)(b+d)}$$

表 4.5.3　2×2 列联表

Y \ X	A_1	A_2	$n_{\cdot j}$
B_1	a	b	$a+b$
B_2	c	d	$c+d$
$n_{i\cdot}$	$a+c$	$b+d$	$n=a+b+c+d$

例 4.5.3　根据表 4.5.4 所示调查资料,试研究青少年犯罪是否与性别有关($\alpha=0.01$)?

表 4.5.4　青少年犯罪调查数据列联表

	男	女	合计
未犯罪青少年	3 612	1 472	5 084
犯罪青少年	87	5	92
合计	3 699	1 477	5 176

解　令

$$X=\begin{cases}0,\text{是男人}\\1,\text{是女人}\end{cases}\quad Y=\begin{cases}0,\text{未犯罪}\\1,\text{犯罪}\end{cases}$$

则有表 4.5.5。

表 4.5.5　符号表示 2×2 青少年犯罪调查数据列联表

Y \ X	0	1	$n_{\cdot j}$
0	3 612	1 472	5 084
1	87	5	92
$n_{i\cdot}$	3 699	1 477	5 176

① 提出假设:

H_0:青少年犯罪与性别无关　　H_1:青少年犯罪与性别有关

② 由检验水平 $\alpha=0.01$,查 χ^2 分布表,得

$$\chi^2_{0.99}(2\times2-2-2+1)=\chi^2_{0.99}(1)=6.63$$

③ 计算

$$\chi^2=\sum_{i=1}^{2}\sum_{j=1}^{2}\frac{(n_{ij}-n\hat{p}_{i\cdot}\hat{p}_{\cdot j})^2}{n\hat{p}_{i\cdot}\hat{p}_{\cdot j}}$$

其中

$$\hat{p}_{1\cdot}=\frac{n_{1\cdot}}{n}=\frac{3\,699}{5\,176},\quad \hat{p}_{2\cdot}=\frac{n_{2\cdot}}{n}=\frac{1\,477}{5\,176}$$

$$\hat{p}_{\cdot 1}=\frac{n_{\cdot 1}}{n}=\frac{5\,084}{5\,176},\quad \hat{p}_{\cdot 2}=\frac{n_{\cdot 2}}{n}=\frac{92}{5\,176}$$

所以

$$\chi^2 = \frac{5\,176\,(5 \times 3\,612 - 1\,472 \times 87)^2}{(3\,612 + 1\,472)(87 + 5)(3\,612 + 87)(1\,472 + 5)} = 23.4 > 6.63$$

因此否定 H_0，即青少年犯罪与性别有关。

基于 R 的求解方法之一如下：

```
x <- matrix(c(3612,87,1472,5),ncol = 2)
chisq.test(x)
```

Pearson's Chi-squared test with Yates'
continuity correction

data： x
X-squared = 23.371, df = 1, p-value = 1.336e-06

从 p 值看出，否定原假设，即认为青少年犯罪与性别有关。

习题 4

（一）

4.1 某车间生产钢丝，用 X 表示钢丝的折断力，由经验知道 $X \sim N(\mu, \sigma^2)$，其中 $\mu = 570\,kg$，$\sigma^2 = 8^2$。今换了一批材料生产钢丝，如果仍有 $\sigma^2 = 8^2$。现抽得 10 根钢丝，测得其折断力（单位：kg）为

578　572　570　568　572　570　570　572　596　584

试检验折断力有无明显变化（$\alpha = 0.05$）？

4.2 根据长期的经验和资料分析，某砖瓦厂所生产的砖的抗断强度 X 服从正态分布，方差 $\sigma^2 = 1.21$，今从该厂生产的一批砖中，随机抽取 6 块，测得抗断强度（单位：kg/cm^2）如下：

32.56　29.66　31.64　30.00　31.87　31.03

试问：这批砖的平均抗断强度可否认为是 32.50 kg/cm^2（$\alpha = 0.05$）？

4.3 某炼铁厂的铁水含碳量服从正态分布 $N(4.55, 0.108^2)$，现测得 9 炉铁水的平均含碳量为 4.484，若已知方差没有变化，可否认为现在生产的铁水，其平均含碳量仍为 4.55（$\alpha = 0.05$）？

4.4 根据过去的统计资料，每天到某运动场所活动的人数 $X \sim N(150, 18^2)$。近期随机抽取 50 天，平均活动人数为 145 人，设方差没有变化，试问近期平均活动人数是否有显著变化（$\alpha = 0.01$）？

4.5 有一种元件，要求其使用寿命不得低于 1 000 h。现在从一批这种元件中随机地抽取 25 件，测得寿命平均值为 950 h。已知该元件寿命服从标准差为 100 h 的正态分布。试在显著性水平 $\alpha = 0.05$ 下确定这批元件是否合格。

4.6 某轮胎厂生产一种轮胎，其寿命服从均值 $\mu = 30\,000\,km$，标准差 $\sigma = 4\,000\,km$ 的正态分布。现在采用一种新工艺，从试验产品中随机抽取 100 只轮胎进行检验，测得其平均

寿命为 31 000 km。若标准差没有变化,试问新工艺生产的轮胎寿命是否优于原来的? 假定显著性水平 $\alpha=0.02$。

4.7 假定新生婴儿的体重服从正态分布,均值为 3 140 g。现从新生婴儿中随机抽取 20 个,测得其平均体重为 3 160 g,样本标准差为 300 g。问现在与过去的新生婴儿体重有无显著差异($\alpha=0.01$)?

4.8 某批矿砂的 5 个样品中的镍含量(%)经测定为

$$3.15 \quad 3.27 \quad 3.24 \quad 3.26 \quad 3.24$$

设测定值总体服从正态分布,问在 $\alpha=0.01$ 下能否认为这批矿砂的镍含量的均值为 3.25?

4.9 某市统计局调查该市职工平均每天用于上下班路途上的时间,假设职工用于上下班路途的时间服从正态分布。主持这项调查的人根据以往的调查经验,认为这一时间与往年没有多大变化,仍为 1.5 h。现随机抽取 400 名职工进行调查,得样本均值为 1.8 h,样本标准差为 0.6 h。问调查结果是否证实了调查主持人的看法($\alpha=0.05$)?

4.10 某种电池的使用寿命服从正态分布,厂家在广告中宣传平均使用寿命不少于 3 h,现随机抽取 100 只,测得平均使用寿命为 2.75 h,标准差为 0.25 h。根据抽样结果,能否认为厂家的广告是虚假的($\alpha=0.01$)?

4.11 某车间生产的铜丝,生产一向比较稳定,设铜丝的折断力服从正态分布,今从产品中随机抽取 10 根检查折断力(单位:kg),得数据如下:

$$578 \quad 572 \quad 570 \quad 568 \quad 572 \quad 570 \quad 570 \quad 572 \quad 596 \quad 584$$

问是否可以相信该车间的铜丝折断力的方差为 64($\alpha=0.05$)?

4.12 已知维尼纶的纤度在正常条件下服从 $N(1.405,0.048^2)$,现抽取 5 根纤维,测得其纤度为

$$1.32 \quad 1.55 \quad 1.36 \quad 1.40 \quad 1.44$$

问这批维尼纶的纤度方差是否正常($\alpha=0.05$)?

4.13 设原有一台仪器测量电阻值,误差服从 $N(0,0.06)$,现有一台新仪器,对一个电阻测量十次,测得数据(单位:Ω)为

$$1.101 \quad 1.103 \quad 1.105 \quad 1.098 \quad 1.099 \quad 1.101 \quad 1.104 \quad 1.095 \quad 1.100 \quad 1.100$$

问新仪器的精度是否比原来的仪器好($\alpha=0.10$)?

4.14 按两种不同的配方生产橡胶,测得橡胶伸长率(%)如下:

- 第一种配方:

$$540 \quad 533 \quad 525 \quad 520 \quad 544 \quad 531 \quad 536 \quad 529 \quad 534$$

- 第二种配方:

$$565 \quad 577 \quad 580 \quad 575 \quad 556 \quad 542 \quad 560 \quad 532 \quad 570 \quad 561$$

如果橡胶伸长率服从正态分布,两种配方生产的橡胶伸长率的标准差是否有显著差异($\alpha=0.05$)?

4.15 某车床生产滚珠,随机抽取 50 个产品,测得它们的直径(单位:mm)为

15.0 15.8 15.2 15.1 15.9 14.7 14.8 15.5 15.6 15.3 15.1 15.3
15.0 15.6 15.7 14.8 14.5 14.2 14.9 14.9 15.2 15.0 15.3 15.6 15.1
14.9 14.2 14.6 15.8 15.2 15.9 15.2 15.0 14.9 14.8 14.5 15.1 15.5
15.5 15.1 15.1 15.0 15.3 14.7 14.5 15.5 15.0 14.7 14.6 14.2

经过计算知道,样本均值 $\bar{x}=15.1$,样本方差为 0.4325^2,问滚珠直径是否服从 $N(15.1, 0.4325^2)$($\alpha=0.05$)?

4.16 某工厂近五年来发生了 63 次事故,按星期几分类如习题 4.16 表所示。

习题 4.16 表　次数分布

星期	一	二	三	四	五	六
次数	9	10	11	8	13	12

问事故是否与星期几有关($\alpha=0.05$)?

4.17 随机抽查 1 000 人,得到如习题 4.17 表所示统计资料。

习题 4.17 表　性别与色盲次数列联表

性别 是否色盲	男	女
正常	442	514
色盲	38	6

问色盲与性别是否有关($\alpha=0.05$)?

(二)

4.18 利用 R 解答 4.1 题。

4.19 利用 R 解答 4.2 题。

4.20 利用 R 解答 4.8 题。

4.21 利用 R 解答 4.11 题。

4.22 利用 R 解答 4.12 题。

4.23 利用 R 解答 4.13 题。

4.24 利用 R 解答 4.15 题。

4.25 利用 R 解答 4.15 题。

4.26 利用 R 解答 4.16 题。

4.27 利用 R 解答 4.17 题。

第5章 方差分析

方差分析是英国统计学家费歇尔(Fisher)在 20 世纪 20 年代创立的。目前,这种方法已被应用于很多领域。它是分析试验(或观测)数据的一种重要方法。本章主要介绍单因素试验和双因素试验方差分析的基本原理与方法。

5.1 单因素试验的方差分析

5.1.1 方差分析的基本思想

在科学试验、生产实践和经营管理中,影响一事物的因素往往很多,例如,农作物的产量受品种、施肥的种类及数量等因素的影响;化工产品的质量受原料成分、原料剂量、反应时间、反应温度、压力、机器设备等因素的影响;商品的销售量受商品的包装、广告宣传、价格等因素的影响。通过对试验(或观测)数据的分析,我们要确定哪些因素影响较大,其影响是否显著,且每一因素取什么样的水平(因素所处的状态)效果最好。方差分析就是解决这一问题的有效方法。

例 5.1.1 某化工厂为了探求合适的反应时间以提高其产品(一种试剂)的产出率,在其他条件都加以控制的情况下,对不同的反应时间进行了 5 次试验,结果如表 5.1.1 所示。

表 5.1.1 试剂产出率数据

反应时间/min	产出率(%)				
60	73	71	79	74	72
70	85	87	84	85	83
80	80	78	75	74	76

例 5.1.2 某企业现有电池三批,它们分别来自三个供应商 A、B、C,为评比其质量,各随机抽取几只电池为样品,经试验得其寿命如表 5.1.2 所示。

表 5.1.2 电池寿命数据

供应商	电池寿命/h					
A	40	38	42	45	46	
B	26	34	30	28	32	29
C	39	40	43	50		

例 5.1.3 某公司生产一种产品,其销售量不受季节的影响,为了研究产品的零售价格对其产品销售量的影响,进行了调查,不同价格水平(单位:元)下的月销售量(单位:台)如表

5.1.3 所示。

表 5.1.3　产品销售量数据

产品价格	月份					
	一	二	三	四	五	六
1 050	163	176	170	185	180	175
1 000	184	198	179	190	189	192
950	206	191	218	224	220	219

以上三个例子都是单因素试验,即在试验中只有一个因素(试验条件)在改变。从例5.1.1中可以看出,对于不同的反应时间,其产出率存在差异,这种差异可以认为是反应时间这一因素对产出率的影响;在同一反应时间条件下,其产出率也存在差异,这种差异是由其他一些不能控制的次要因素共同作用造成的,可以看作是由随机因素造成的。问题是:产出率的差异主要是由反应时间不同造成的,还是由其他随机因素造成的? 即反应时间对产出率的影响是否显著,或者说,不同反应时间条件下的产出率是否存在显著差异。

类似地,在例 5.1.2 中,要考察三个供应商的电池寿命是否存在显著差异;例 5.1.3 中,要考察不同价格水平下产品的销售量是否存在显著差异。

方差分析的目的就是通过对试验(或观测)数据的分析来确定某种因素对试验结果的影响是否显著。

5.1.2　单因素试验的方差分析模型

设因素 A 有 p 个水平 $A_1,A_2,\cdots,A_p$。在水平 $A_i(i=1,2,\cdots,p)$ 下进行了 $n(n>1)$ 次独立试验,得到如表 5.1.4 所示的试验结果。

表 5.1.4　单因素试验方差分析数据

因素 A	观察值	样本总和	样本均值
A_1	$x_{11}x_{12}\cdots x_{1n}$	T_1	$\overline{x}_1.$
A_2	$x_{21}x_{22}\cdots x_{2n}$	T_2	$\overline{x}_2.$
$\vdots$	$\vdots$	$\cdots$	$\vdots$
A_{p1}	$x_{p1}x_{p2}\cdots x_{pn}$	T_p	$\overline{x}_q.$

在表5.1.4中,x_{ij} 表示因素 A 取第 i 个水平时所得的第 j 个试验结果,x_{ij} 不仅与因素 A 的第 i 个水平有关,而且受随机因素的影响。因此可将它表示成

$$x_{ij}=\mu_i+\varepsilon_{ij}\quad i=1,2,\cdots,p\quad j=1,2,\cdots,n$$

其中,μ_i 表示在因素 A 取第 i 个水平下,没有随机因素干扰时本应得到的试验结果值,ε_{ij} 表示仅受随机因素影响的试验误差,它是一个随机变量。这样同一水平下的试验数据可以认为是来自同一个总体,并假定这一总体是服从正态分布,且对应于不同水平的正态总体,其方差是相同的。也就是说,对应于 A_i 的总体服从正态分布 $N(\mu_i,\sigma^2)$。这样检验因素 A 对试验结果的影响是否显著就转化为检验 p 个正态总体的均值是否相等,即检验假设

$$H_0:\mu_1=\mu_2=\cdots=\mu_p$$

$$H_1:\mu_1,\mu_2,\cdots,\mu_p \text{ 不全相等}$$

(5.1.1)

因此,单因素方差分析就相当于多总体均值的假设检验。从某种意义来说,它是这一问题的推广。

令 $\alpha_i = \mu_i - \mu$, $i = 1, 2, \cdots, p$, 称 α_i 为水平 A_i 的效应, $\mu = \frac{1}{p}\sum_{i=1}^{p}\mu_i$ 则

$$x_{ij} = \mu + \alpha_i + \varepsilon_{ij} \quad i = 1, 2, \cdots, p \quad j = 1, 2, \cdots, n$$

显然 α_i 满足 $\sum_{i=1}^{p}\alpha_i = 0$。综合以上假定,可建立单因素方差分析模型如下:

$$\begin{cases} x_{ij} = \mu + \alpha_i + \varepsilon_{ij} \quad i = 1, 2, \cdots, p \quad j = 1, 2, \cdots, n \\ \varepsilon_{ij} \sim N(0, \sigma^2) \\ \sum_{i=1}^{p}\alpha_i = 0 \end{cases} \tag{5.1.2}$$

于是检验

$$H_0 : \mu_1 = \mu_2 = \cdots = \mu_p$$

等价于检验

$$H_0 : \alpha_1 = \alpha_2 = \cdots = \alpha_p = 0$$

因此单因素方差分析就是在模型(5.1.2)的假定下,检验假设

$$H_0 : \alpha_1 = \alpha_2 = \cdots = \alpha_p = 0 \quad H_1 : \alpha_1, \alpha_2, \cdots \alpha_p \text{ 不全为零} \tag{5.1.3}$$

5.1.3 假设检验

为了建立检验统计量,首先对总离差平方和进行分解

$$SS_T = \sum_{i=1}^{p}\sum_{j=1}^{n}(x_{ij} - \overline{x})^2 \tag{5.1.4}$$

其中, $\overline{x} = \frac{1}{np}\sum_{i=1}^{p}\sum_{j=1}^{n}x_{ij}$ 是数据的总平均。SS_T 反映了全部试验数据之间的离散程度,称之为总离差平方和或总离差。

$\overline{x}_{i.} = \frac{1}{n}\sum_{j=1}^{n}x_{ij}$ 即水平 A_i 下的样本平均值。则

$$SS_T = \sum_{i=1}^{p}\sum_{j=1}^{n}\left[(x_{ij} - \overline{x}_{i.}) + (\overline{x}_{i.} - \overline{x})\right]^2$$

$$= \sum_{i=1}^{p}\sum_{j=1}^{n}(x_{ij} - \overline{x}_{i.})^2 + \sum_{i=1}^{p}\sum_{j=1}^{n}(\overline{x}_{i.} - \overline{x})^2 +$$

$$2\sum_{i=1}^{p}\sum_{j=1}^{n}(x_{ij} - \overline{x}_{i.})(\overline{x}_{i.} - \overline{x})$$

易知上述第三项等于零,于是可将 SS_T 分解成

$$SS_T = SS_A + SS_E \tag{5.1.5}$$

其中,

$$SS_A = \sum_{i=1}^{p}\sum_{j=1}^{n}(\overline{x}_{i.} - \overline{x})^2 = n\sum_{i=1}^{p}(\overline{x}_{i.} - \overline{x})^2 \tag{5.1.6}$$

$$SS_E = \sum_{i=1}^{p}\sum_{j=1}^{n}(x_{ij} - \overline{x}_{i.})^2 \tag{5.1.7}$$

SS_A 的各项 $(\overline{x}_{i.} - \overline{x})^2$ 表示 A_i 水平下的样本均值与数据总平均的差异,这种差异是由水平 A_i 引起的,因而 SS_A 的大小反映了因素 A 对试验结果的影响程度,SS_A 越大,表明因素 A 的影响程度越大,SS_A 叫作因素 A 的效应平方和,亦称组间平方和;SS_E 的各项 $(x_{ij} - \overline{x}_{i.})^2$ 表示在水平 A_i 下样本观察值与第 i 组样本均值的差异,这是由随机因素所引起的,SS_E 越大,表明随机因素的影响程度越大,SS_E 叫作误差平方和,亦称组内平方和。显然,SS_A 相对于 SS_E 越大,也就是说比值 $\dfrac{SS_A}{SS_E}$ 越大,因素 A 的影响越显著;反之,因素 A 的影响被淹没在随机因素的影响之中,即因素 A 的影响不显著。那么,究竟比值 $\dfrac{SS_A}{SS_E}$ 多大时,才能说明因素 A 的影响显著呢?为此需要知道在原假设 H_0 成立时比值 $\dfrac{SS_A}{SS_E}$ 的分布。可以证明,当原假设 H_0 成立时,比值 $\dfrac{\frac{SS_A}{p-1}}{\frac{SS_E}{p(n-1)}}$ 服从自由度为 $(p-1, p(n-1))$ 的 F 分布。

由于 $\dfrac{\frac{SS_A}{p-1}}{\frac{SS_E}{p(n-1)}}$ 和 $\dfrac{SS_A}{SS_E}$ 表达的含义相同,且为了直接利用我们熟知的 F 分布,可以建立下面的检验统计量:

$$F = \frac{\dfrac{SS_A}{p-1}}{\dfrac{SS_E}{p(n-1)}} = \frac{MS_A}{MS_E} \tag{5.1.8}$$

其中,$MS_A = \dfrac{SS_A}{p-1}$,$MS_E = \dfrac{SS_E}{p(n-1)}$,$p-1$ 是 SS_A 的自由度,$p(n-1)$ 是 SS_E 的自由度。

通过以上分析可见:当 F 值较大时,表明因素 A 对试验结果的影响显著;反之,影响不显著。给定显著性水平 α,查 F 分位数表得分位数 $F_{1-\alpha}(p-1, p(n-1))$。当 $F > F_{1-\alpha}(p-1, p(n-1))$ 时,拒绝 H_0,认为因素 A 对试验结果有显著影响;反之,当 $F < F_{1-\alpha}(p-1, p(n-1))$ 时,不能否定 H_0,即认为因素 A 对试验结果无显著影响,或者更确切地说,就现有观察数据而言,还不能看出因素 A 的影响。为简便起见,将上述分析列成方差分析表,如表 5.1.5 所示。

表 5.1.5　单因素试验方差分析表

方差来源	平方和	自由度	均方和	F 值
因素 A	SS_A	$p-1$	$MS_A = \dfrac{SS_A}{p-1}$	$F = \dfrac{MS_A}{MS_E}$
误差	SS_E	$p(n-1)$	$MS_E = \dfrac{SS_E}{p(n-1)}$	
总和	SS_T	$np-1$		

在实际中,可按如下简便公式来计算 SS_T、SS_A、SS_E:

$$T_{i.} = \sum_{j=1}^{n} x_{ij} \quad i = 1, 2, \cdots, p$$

$$T_{..} = \sum_{i=1}^{p} \sum_{j=1}^{n} x_{ij}$$

则有

$$SS_T = \sum_{i=1}^{p} \sum_{j=1}^{n} x_{ij}^2 - \frac{T_{..}^2}{np} \tag{5.1.9}$$

$$SS_A = \sum_{i=1}^{p} \frac{T_{i.}^2}{n} - \frac{T_{..}^2}{np} \tag{5.1.10}$$

$$SS_E = SS_T - SS_A = \sum_{i=1}^{p} \sum_{j=1}^{n} x_{ij}^2 - \sum_{i=1}^{p} \frac{T_{i.}^2}{n} \tag{5.1.11}$$

例 5.1.4 利用表 5.1.1 中的数据,检验反应时间对产出率是否有显著影响,并指出反应时间取何水平时,产出率最高,已知 $\alpha = 0.05$。

解 本例中,$p=3, n=5$,经计算得

$$SS_T = \sum_{i=1}^{p} \sum_{j=1}^{n} x_{ij}^2 - \frac{T_{..}^2}{np} = 397.6$$

$$SS_A = \sum_{i=1}^{p} \frac{T_{i.}^2}{n} - \frac{T_{..}^2}{np} = 326.8$$

$$SS_E = SS_T - SS_A = 70.8$$

于是得方差分析表 5.1.6。

表 5.1.6　反应时间对产出率方差分析表

方差来源	平方和	自由度	均方和	F 值
因素 A	326.8	2	163.4	$F = 27.6949$
误差	70.8	12	5.9	
总和	397.6	14		

因 $F_{0.95}(2,12) = 3.89 < 27.6949$,故在水平 0.05 下拒绝 H_0,认为不同反应时间下的产出率存在显著差异。由于当反应时间为 60 min、70 min、80 min 时,其产出率的平均值分别是 73.8、84.8、76.6,因此,认为当反应时间为 70 min 时,产出率最高。不过,值得注意的是,若反应时间取水平 65 min、70 min、75 min,即水平之间差距变小时,这三个反应时间下的产出率可能不存在显著差异,且 70 min 也不一定就是最好。由此可见,因素对试验结果是否存在显著影响是就其所取水平而言的。

注意:以上都是在针对每个因素等重复试验条件下进行讨论的,不过在不等重复试验条件下,即对应于各水平下的试验次数不全相同(如例 5.1.2),可作相似的讨论,只不过计算公式稍微复杂一点而已。

基于 R 的求解方法之一如下:

```
x<-c(73, 71, 79, 74, 72, 85, 87, 84, 85, 83,
     80, 78, 75, 74, 76)
d<-data.frame(x,A = factor(c(rep(1:3,each = 5))))
aov1<-aov(x~A,data = d)
```

```
summary(aov1)
            Df SumSq Mean Sq F value   Pr(> F)
A            2  326.8   163.4    27.7 3.19e - 05 ***
Residuals   12   70.8     5.9
— — —
Signif. codes:
0 '***' 0.001 '**' 0.01 '*' 0.05 '.' 0.1 ' ' 1
```

5.2　双因素试验的方差分析

在许多实际问题中,影响试验(或观测)结果的因素往往不止一个。例如,影响产出率的因素,除反应时间外,还有反应温度、搅拌速度等。这样就要考察哪些因素影响显著,因素之间是否存在交互作用,这就是多因素方差分析问题。本节介绍两种双因素方差分析方法。

5.2.1　双因素等重复试验的方差分析

例 5.2.1　某工序给零件镀银,测试了三种不同配方在两种工艺下镀上银层的厚度,在每个试验条件下进行了两次试验,数据如表 5.2.1 所示。

这里有两个因素,一个因素是配方,另一个因素是工艺。它们两者同时影响着银层厚度。由于存在两个因素,因此,除了要分别考察每个因素对银层厚度的影响外,还要研究不同配方和不同工艺对银层厚度的联合影响是否正好是它们每个因素分别对银层厚度的影响的迭加。例如,当不考虑随机因素的干扰时,如果将配方固定为 A_1,采用工艺乙比采用工艺甲时银层的厚度薄 $1\,\mu m$;如果将工艺固定为工艺甲,采用配方 A_3 比采用配方 A_1 时银层的厚度薄 $2\,\mu m$,那么采用配方 A_3、工艺乙时银层的厚度并非比采用配方 A_1、工艺甲时银层的厚度要薄 $1+2=3\,\mu m$。也就是说,是否产生这样的情况,即分别使银层厚度达到最薄的配方与工艺搭配在一起可能会使银层厚度大大增加,而看起来单独来说不是最优的配方和工艺搭配在一起,由于搭配得当而使银层厚度大大变薄。这种由于各个因素的不同水平的搭配所产生的新的影响称之为交互作用。这是多因素试验方差分析不同于单因素试验之处。

表 5.2.1　银层的厚度(单位:μm)数据

工艺 配方	甲		乙	
A_1	32	31	30	30
A_2	29	29	31	32
A_3	29	28	30	31

一般地,设影响试验结果的两个因素为 A 和 B,因素 A 有 p 个水平 $A_1,A_2,\cdots,A_p$,因素 B 有 q 个水平 $B_1,B_2,\cdots,B_q$,在每一试验条件 (A_i,B_j) 下均做了 r 次重复试验,得到表 5.2.2 所示的结果。表中每组数据 $\{x_{ij1},x_{ij2},\cdots,x_{ijr}\}$ 可认为是来自同一总体的样本,假定

$$\begin{cases} x_{ijk} \sim N(\mu_{ij},\sigma^2); i=1,2,\cdots,p; j=1,2,\cdots,q; k=1,2,\cdots,r \\ \text{各 } x_{ijk} \text{ 独立} \end{cases} \tag{5.2.1}$$

x_{ijk} 可写成 $x_{ijk} = \mu_{ij} + \varepsilon_{ijk}$，其中 $\varepsilon_{ijk} \sim N(0, \sigma^2)$，令

$$\mu = \frac{1}{pq} \sum_{i=1}^{p} \sum_{j=1}^{q} \mu_{ij} \quad \mu_{i\cdot} = \frac{1}{q} \sum_{j=1}^{q} \mu_{ij} \quad \mu_{\cdot j} = \frac{1}{p} \sum_{i=1}^{p} \mu_{ij}$$

$$\alpha_i = \mu_{i\cdot} - \mu \quad \beta_j = \mu_{\cdot j} - \mu \quad \gamma_{ij} = \mu_{ij} - \mu_{i\cdot} - \mu_{\cdot j} + \mu$$

表 5.2.2 双因素等重复试验的方差分析数据

因素 B／因素 A	B_1	B_2	$\cdots$	B_q
A_1	$x_{111}, x_{112}, \cdots, x_{11r}$	$x_{121}, x_{122}, \cdots, x_{12r}$	$\cdots$	$x_{1q1}, x_{1q2}, \cdots, x_{1qr}$
A_2	$x_{211}, x_{212}, \cdots, x_{21r}$	$x_{221}, x_{222}, \cdots, x_{22r}$	$\cdots$	$x_{2q1}, x_{2q2}, \cdots, x_{2qr}$
$\vdots$	$\vdots$	$\vdots$	$\cdots$	$\vdots$
A_p	$x_{p11}, x_{p12}, \cdots, x_{p1r}$	$x_{p21}, x_{p22}, \cdots, x_{p2r}$	$\cdots$	$x_{pq1}, x_{pq2}, \cdots, x_{pqr}$

称 μ 为总平均，α_i 为水平 A_i 的效应，β_j 为水平 B_j 的效应，γ_{ij} 为水平 A_i 和 B_j 的交互效应。易见

$$\sum_{i=1}^{p} \alpha_i = 0$$

$$\sum_{j=1}^{q} \beta_j = 0$$

$$\sum_{j=1}^{q} \gamma_{ij} = 0, i = 1, 2, \cdots, p$$

$$\sum_{i=1}^{p} \gamma_{ij} = 0, j = 1, 2, \cdots, q$$

于是双因素试验的方差分析模型可写为

$$\begin{cases} x_{ijk} = \mu + \alpha_i + \beta_j + \gamma_{ij} + \varepsilon_{ijk} \\ \varepsilon_{ijk} \sim N(0, \sigma^2) \\ \text{各 } \varepsilon_{ijk} \text{ 独立}, i = 1, 2, \cdots, p; j = 1, 2, \cdots, q; k = 1, 2, \cdots, r \\ \sum_{i=1}^{p} \alpha_i = 0 \quad \sum_{j=1}^{q} \beta_j = 0 \quad \sum_{i=1}^{p} \gamma_{ij} = 0 \quad \sum_{j=1}^{q} \gamma_{ij} = 0 \end{cases} \tag{5.2.2}$$

对这一模型，要分别检验因素 A、因素 B、因素 A 与 B 的交互作用对试验结果是否有显著影响，即检验以下三个假设：

$$\begin{cases} H_{01} : \alpha_1 = \alpha_2 = \cdots = \alpha_p = 0 \\ H_{11} : \alpha_1, \alpha_2, \cdots, \alpha_p \text{ 不全为零} \end{cases} \tag{5.2.3}$$

$$\begin{cases} H_{02} : \beta_1 = \beta_2 = \cdots = \beta_q = 0 \\ H_{12} : \beta_1, \beta_2, \cdots, \beta_q \text{ 不全为零} \end{cases} \tag{5.2.4}$$

$$\begin{cases} H_{03} : \gamma_{11} = \gamma_{12} = \cdots = \gamma_{pq} = 0 \\ H_{13} : \gamma_{11}, \gamma_{12}, \cdots, \gamma_{pq} \text{ 不全为零} \end{cases} \tag{5.2.5}$$

为此需分别建立检验统计量，记

$$\overline{x} = \frac{1}{pqr} \sum_{i=1}^{p} \sum_{j=1}^{q} \sum_{k=1}^{r} x_{ijk}$$

$$\overline{x}_{ij\cdot} = \frac{1}{r} \sum_{k=1}^{r} x_{ijk} \qquad i = 1, 2, \cdots, p, j = 1, 2, \cdots, q$$

$$\overline{x}_{i\cdot\cdot} = \frac{1}{qr} \sum_{j=1}^{q} \sum_{k=1}^{r} x_{ijk} \qquad i = 1, 2, \cdots, p$$

$$\overline{x}_{\cdot j\cdot} = \frac{1}{pr} \sum_{i=1}^{p} \sum_{k=1}^{r} x_{ijk} \qquad j = 1, 2, \cdots, q$$

则总的离差平方和

$$
\begin{aligned}
SS_T &= \sum_{i=1}^{p} \sum_{j=1}^{q} \sum_{k=1}^{r} (x_{ijk} - \overline{x})^2 \\
&= \sum_{i=1}^{p} \sum_{j=1}^{q} \sum_{k=1}^{r} \left[(x_{ijk} - \overline{x}_{ij\cdot}) + (\overline{x}_{i\cdot\cdot} - \overline{x}) + (\overline{x}_{\cdot j\cdot} - \overline{x}) + (\overline{x}_{ij\cdot} - \overline{x}_{i\cdot\cdot} - \overline{x}_{\cdot j\cdot} + \overline{x}) \right]^2 \\
&= \sum_{i=1}^{p} \sum_{j=1}^{q} \sum_{k=1}^{r} (x_{ijk} - \overline{x}_{ij\cdot})^2 + qr \sum_{i=1}^{p} (\overline{x}_{i\cdot\cdot} - \overline{x})^2 + pr \sum_{j=1}^{q} (\overline{x}_{\cdot j\cdot} - \overline{x})^2 + \\
&\quad r \sum_{i=1}^{p} \sum_{j=1}^{q} (\overline{x}_{ij\cdot} - \overline{x}_{i\cdot\cdot} - \overline{x}_{\cdot j\cdot} + \overline{x})^2 \\
&= SS_E + SS_A + SS_B + SS_{A \times B}
\end{aligned}
$$

$$(5.2.6)$$

$$SS_E = \sum_{i=1}^{p} \sum_{j=1}^{q} \sum_{k=1}^{r} (x_{ijk} - \overline{x}_{ij\cdot})^2 \qquad (5.2.7)$$

$$SS_A = qr \sum_{i=1}^{p} (\overline{x}_{i\cdot\cdot} - \overline{x})^2 \qquad (5.2.8)$$

$$SS_B = pr \sum_{j=1}^{q} (\overline{x}_{\cdot j\cdot} - \overline{x})^2 \qquad (5.2.9)$$

$$SS_{A \times B} = r \sum_{i=1}^{p} \sum_{j=1}^{q} (\overline{x}_{ij\cdot} - \overline{x}_{i\cdot\cdot} - \overline{x}_{\cdot j\cdot} + \overline{x})^2 \qquad (5.2.10)$$

称 SS_E、SS_A、SS_B、$SS_{A \times B}$ 分别为误差平方和、因素 A 的效应平方和、因素 B 的效应平方和、A 与 B 的交互效应平方和。

在模型(5.2.2)的假定下,可以证明如下结论:

(1) $E\left(\dfrac{SS_E}{pq(r-1)}\right) = \sigma^2$ 且 $SS_E/\sigma^2 \sim \chi^2(pq(r-1))$

(2) $E\left(\dfrac{SS_A}{p-1}\right) = \sigma^2 + \dfrac{qr \sum\limits_{i=1}^{p} \alpha_i^2}{p-1}$

(3) $E\left(\dfrac{SS_B}{q-1}\right) = \sigma^2 + \dfrac{pr \sum\limits_{j=1}^{q} \beta_j^2}{q-1}$

(4) $E\left(\dfrac{SS_{A\times B}}{(p-1)(q-1)}\right)=\sigma^2+\dfrac{r\sum\limits_{i=1}^{p}\sum\limits_{j=1}^{q}\gamma_{ij}^2}{(p-1)(q-1)}$

构造检验统计量

$$F_A=\frac{SS_A/(p-1)}{SS_E/pq(r-1)} \qquad (5.2.11)$$

$$F_B=\frac{SS_B/(q-1)}{SS_E/pq(r-1)} \qquad (5.2.12)$$

$$F_{A\times B}=\frac{SS_{A\times B}/(p-1)(q-1)}{SS_E/pq(r-1)} \qquad (5.2.13)$$

其中,$pqr-1,pq(r-1),p-1,q-1,(p-1)(q-1)$ 分别是 $SS_T,SS_E,SS_A,SS_B,SS_{A\times B}$ 的自由度。

可以证明:当假设 H_{01} 成立时 $SS_A/\sigma^2\sim\chi^2(p-1)$,且与 SS_E 独立,所以 $F_A\sim F(p-1,pq(r-1))$。当假设 H_{02} 成立时,$SS_B/\sigma^2\sim\chi^2(q-1)$ 且与 SS_E 独立,所以 $F_B\sim F(q-1,pq(r-1))$。当假设 H_{03} 成立时,$SS_{A\times B}/\sigma^2\sim\chi^2((p-1)(q-1))$ 且与 SS_E 独立,所以 $F_{A\times B}\sim F((p-1)(q-1),pq(r-1))$。

取显著性水平 α,

- 当 $F_A>F_{1-\alpha}(p-1,pq(r-1))$ 时,拒绝 H_{01};
- 当 $F_B>F_{1-\alpha}(p-1,pq(r-1))$ 时,拒绝 H_{02};
- 当 $F_{A\times B}>F_{1-\alpha}(p-1,pq(r-1))$ 时,拒绝 F。

上述结果可汇总成方差分析表 5.2.3。

表 5.2.3 方差分析表

方差来源	平方和	自由度	均方和	F 值
因素 A	SS_A	$p-1$	$MS_A=\dfrac{SS_A}{p-1}$	$F_A=\dfrac{MS_A}{MS_E}$
因素 B	SS_B	$q-1$	$MS_B=\dfrac{SS_B}{q-1}$	$F_B=\dfrac{MS_B}{MS_E}$
交互作用	$SS_{A\times B}$	$(p-1)\cdot(q-1)$	$MS_{A\times B}=\dfrac{SS_{A\times B}}{(p-1)(q-1)}$	$F_{A\times B}=\dfrac{MS_{A\times B}}{MS_E}$
误差	SS_E	$pq(r-1)$	$MS_E=\dfrac{SS_E}{pq(r-1)}$	
总和	SS_T	$pqr-1$		

实际计算中,可按下式计算各个平方和:

$$SS_T=\sum_{i=1}^{p}\sum_{j=1}^{q}\sum_{k=1}^{r}x_{ijk}^2-\frac{T_{...}^2}{pqr} \qquad (5.2.14)$$

$$SS_A=\frac{1}{qr}\sum_{i=1}^{p}T_{i..}^2-\frac{T_{...}^2}{pqr} \qquad (5.2.15)$$

$$SS_B=\frac{1}{pr}\sum_{j=1}^{q}T_{.j.}^2-\frac{T_{...}^2}{pqr} \qquad (5.2.16)$$

$$SS_E=\sum_{i=1}^{p}\sum_{j=1}^{q}\sum_{k=1}^{r}x_{ijk}^2-\frac{1}{r}\sum_{i=1}^{p}\sum_{j=1}^{q}T_{ij.}^2 \qquad (5.2.17)$$

$$SS_{A \times B} = SS_T - SS_A - SS_B - SS_E \tag{5.2.18}$$

$$T_{\cdots} = \sum_{i=1}^{p} \sum_{j=1}^{q} \sum_{k=1}^{r} x_{ijk}$$

$$T_{ij\cdot} = \sum_{k=1}^{r} x_{ijk} \qquad i = 1, 2, \cdots, p, j = 1, 2, \cdots, q$$

$$T_{i\cdot\cdot} = \sum_{j=1}^{q} \sum_{k=1}^{r} x_{ijk} \qquad i = 1, 2, \cdots, p$$

$$T_{\cdot j\cdot} = \sum_{i=1}^{p} \sum_{k=1}^{r} x_{ijk} \qquad j = 1, 2, \cdots, q$$

例 5.2.2　在例 5.2.1 中,假定双因素方差分析所需的条件均满足,试在水平 $\alpha = 0.05$ 下,检验不同配方(因素 A)、不同工艺(因素 B)下的银层厚度是否有显著差异;配方和工艺的交互作用是否显著;配方和工艺分别取何水平时,银层厚度最薄。

解　根据表 5.2.1 的数据,利用式(5.2.14)～式(5.2.18),经计算得方差分析表 5.2.4。

查附表得 $F_{0.95}(2,6) = 5.14, F_{0.95}(1,6) = 5.99$。由此可见,在水平 $\alpha = 0.05$ 下,不同配方下的银层厚度无显著差异,而不同工艺下的银层厚度有显著差异,且配方和工艺的交互作用显著,由表 5.2.1 中的数据可知,采用配方 A_3 和工艺甲时银层厚度最薄。

表 5.2.4　不同配方(因素 A)、不同工艺(因素 B)下的银层厚度方差分析表

方差来源	平方和	自由度	均方	F 值
因素 A(配方)	3.166 7	2	1.583 4	4.750 2
因素 B(工艺)	3	1	3	9.0
交互作用 $A \times B$	9.5	2	4.75	14.25
误差	2.0	6	0.333 3	
总和	17.666 7	11		

基于 R 的求解方法之一如下:

```
x <- c(32,31,30,30,29,29,31,32,29,28,30,31)
 d <- data.frame(x,A = gl(3,4),B = gl(2,2,12))
 aov1 <- aov(x~A + B + A:B,data = d)
 summary(aov1)
            Df SumSq Mean Sq F value   Pr(>F)
A           2  3.167  1.583    4.75 0.05800 .
B           1  3.000  3.000    9.00 0.02401 *
A:B         2  9.500  4.750   14.25 0.00526 **
Residuals   6  2.000  0.333
— — —
Signif. codes:
0 '***' 0.001 '**' 0.01 '*' 0.05 '.' 0.1 ' ' 1
```

5.2.2 双因素无重复试验的方差分析

通过前面的讨论,若交互作用存在,则对于每一试验条件(A_i,B_j),必须做重复试验,只有这样,才能将交互效应平方和从总的离差平方和中分解出来。在实际中,如果我们已经知道不存在交互作用,或已知交互作用对试验结果的影响很小,则可以不考虑交互作用。这时不必做重复试验,对于两个因素的每一组合(A_i,B_j)只做一次试验,所得结果如表5.2.5所示。

表 5.2.5　双因素无重复试验的数据资料表

因素 B / 因素 A	B_1	B_2	$\cdots$	B_q
A_1	x_{11}	x_{12}	$\cdots$	x_{1q}
A_2	x_{21}	x_{22}	$\cdots$	x_{2q}
$\vdots$	$\vdots$	$\vdots$	$\cdots$	$\vdots$
A_p	x_{p1}	x_{p2}	$\cdots$	x_{pq}

双因素无重复试验的方差分析数据由于不存在交互作用,无重复试验,则

$$r=1, \quad \gamma_{ij}=0 \quad i=1,2,\cdots,p \quad j=1,2,\cdots,q$$

于是模型可写成

$$\begin{cases} x_{ij}=\mu+\alpha_i+\beta_j+\varepsilon_{ij} & i=1,2,\cdots,p \quad j=1,2,\cdots,q \\ \varepsilon_{ij}\sim N(0,\sigma^2) \\ \text{各 } \varepsilon_{ij} \text{ 独立} \\ \sum_{i=1}^{p}\alpha_i=0 \quad \sum_{j=1}^{q}\beta_j=0 \end{cases} \tag{5.2.19}$$

根据这一模型,我们要检验以下两个假设:

$$\begin{cases} H_{01}:\alpha_1=\alpha_2=\cdots=\alpha_p=0 \\ H_{11}:\alpha_1,\alpha_2,\cdots,\alpha_p \text{ 不全为零} \end{cases} \tag{5.2.20}$$

$$\begin{cases} H_{02}:\beta_1=\beta_2=\cdots=\beta_q=0 \\ H_{12}:\beta_1,\beta_2,\cdots,\beta_q \text{ 不全为零} \end{cases} \tag{5.2.21}$$

相应的方差分析如表5.2.6所示。

表 5.2.6　双因素无重复试验的方差分析表

方差来源	平方和	自由度	均方和	F 值
因素 A	SS_A	$p-1$	$MS_A=\dfrac{SS_A}{p-1}$	$F_A=\dfrac{MS_A}{MS_E}$
因素 B	SS_B	$q-1$	$MS_B=\dfrac{SS_B}{q-1}$	$F_B=\dfrac{MS_B}{MS_E}$
误差	SS_E	$(p-1)(q-1)$	$MS_E=\dfrac{SS_E}{(p-1)(q-1)}$	
总和	SS_T	$pq-1$		

表中

$$SS_T=\sum_{i=1}^{p}\sum_{j=1}^{q}(x_{ij}-\overline{x})^2=\sum_{i=1}^{p}\sum_{j=1}^{q}x_{ij}^2-\frac{T_{..}^2}{pq} \tag{5.2.22}$$

$$SS_A = q \sum_{i=1}^{p} (\overline{x}_{i\cdot} - \overline{x})^2 = \frac{1}{q} \sum_{i=1}^{p} T_{i\cdot}^2 - \frac{T_{\cdot\cdot}^2}{pq} \tag{5.2.23}$$

$$SS_B = p \sum_{j=1}^{q} (\overline{x}_{\cdot j} - \overline{x})^2 = \frac{1}{p} \sum_{j=1}^{q} T_{\cdot j}^2 - \frac{T_{\cdot\cdot}^2}{pq} \tag{5.2.24}$$

$$SS_E = \sum_{i=1}^{p} \sum_{j=1}^{q} (x_{ij} - \overline{x}_{i\cdot} - \overline{x}_{\cdot j} + \overline{x})^2 = SS_T - SS_A - SS_B \tag{5.2.25}$$

其中

$$\overline{x}_{i\cdot} = \frac{1}{q} \sum_{j=1}^{q} x_{ij} \qquad\qquad i = 1, 2, \cdots, p$$

$$\overline{x} = \frac{1}{pq} \sum_{i=1}^{p} \sum_{j=1}^{q} x_{ij}$$

$$\overline{x}_{\cdot j} = \frac{1}{p} \sum_{i=1}^{p} x_{ij} \qquad\qquad j = 1, 2, \cdots, q$$

$$T_{\cdot\cdot} = \sum_{i=1}^{p} \sum_{j=1}^{q} x_{ij}$$

$$T_{\cdot j} = \sum_{i=1}^{p} x_{ij} \qquad\qquad j = 1, 2, \ldots, q$$

$$T_{i\cdot} = \sum_{j=1}^{q} x_{ij} \qquad i = 1, 2, \cdots, p$$

取显著性水平 α，当 $F_A > F_{1-\alpha}(p-1, (p-1)q-1))$ 时，拒绝 H_{01}；当 $F_B > F_{1-\alpha}(p-1, (p-1)$ $(q-1))$ 时，拒绝 H_{02}。

例 5.2.3 在一个小麦农业试验中，考虑 4 种不同的品种和 3 种不同的施肥方法，小麦产量数据如表 5.2.7 所示。试在水平 $\alpha = 0.05$ 下，检验小麦品种和施肥方法对小麦产量是否存在显著影响。

利用式(5.2.22)～式(5.2.25)计算得方差分析表 5.2.8。查表得 $F_{0.95}(2, 6) = 5.14$，$F_{0.95}(3, 6) = 4.76$，从而在 $\alpha = 0.05$ 下，施肥方法对小麦产量无显著影响，但小麦品种对产量有显著影响。

从前面的分析可以看出，对于两因素试验，在每个试验条件下做重复试验，其试验次数已经很多，且方差分析的计算量已显过大，那么对于三因素或更多因素的试验，若作全面试验(即每个试验条件下均做试验)，则相应的试验次数和计算量会成指数速度递增。

表 5.2.7 小麦产量(单位：千克/亩)

品种　施肥方法	1	2	3
1	292	316	325
2	310	318	317
3	320	318	310
4	370	365	330

表 5.2.8　4 种不同品种和 3 种不同施肥方法下的方差分析表

方差来源	平方和	自由度	均方	F 值
品种	3 824.25	3	1 274.75	5.226 1
施肥方法	162.5	2	81.25	0.333 1
误差	1 463.5	6	243.916 7	
总和	5 450.25	11		

例如,一个试验中涉及 4 个因素 A, B, C, D,分别有 p, q, r, s 个水平,每个试验条件下重复做 t 次试验,则共需要做 $pqrst$ 次试验,这样试验次数往往太多,实施起来不太现实。因此,在实用中,一般只做部分实施,即在 $pqrs$ 个试验条件中选出一部分试验条件,然后在这一部分试验条件下做试验。当然,这一部分条件不是任意选取的,它们必须满足以下三个条件:

(1) 它们具有一定的代表性;

(2) 根据这些试验数据能够估计出模型中的所有参数;

(3) 总的离差平方和能够进行相应的分解。

基于 R 的求解方法之一如下:

```
x <- c(292,310,320,370,316,318,318,365,325,317,310,330)
  d <- data.frame(x,A = gl(3,4),B = gl(4,1,12))
  aov1 <- aov(x~A + B,data = d)
  summary(aov1)
          Df SumSq Mean Sq F value Pr(> F)
A          2    162    81.2   0.333  0.7291
B          3   3824  1274.7   5.226  0.0413  *
Residuals  6   1463   243.9
— — —
Signif. codes:
0 '***' 0.001 '**' 0.01 '*' 0.05 '.' 0.1 ' ' 1
```

从 p 值可以看出施肥方法作用不显著,而品种的作用是显著的。

至于如何选取试验条件,这是试验设计的内容,如正交设计、均匀设计等,其细节已远超出本书的范围,在此不再赘述。

习题 5

(一)

5.1　根据例 5.1.2 中的试验数据,检验在显著性水平 $\alpha = 0.05$ 下,三种电池的平均寿命有无显著差异(设各工厂所生产的电池的寿命服从同方差的正态分布)。

5.2　将抗生素注入人体会产生抗生素与血浆蛋白质结合的现象,以致减少了药效。习题 5.2 表列出 5 种常用的抗生素注入牛的体内时,抗生素与血浆蛋白质结合的百分比。试

在水平 $\alpha=0.05$ 下检验这些百分比的均值有无显著的差异。设备总体服从正态分布,且方差相同。

习题 5.2 表　常用的抗生素注入牛的体内抗生素与血浆蛋白质结合的百分比数据资料

青霉素	四环素	链霉素	红霉素	氯霉素
29.6	27.3	5.8	21.6	25.2
24.3	32.6	6.2	17.4	32.8
28.5	30.8	11.0	18.3	25.0
32.0	34.8	8.3	19.0	24.2

5.3　一个年级有三个小班。他们进行了一次数学考试,现从各个班级随机地抽取了一些学生,记录其成绩如习题 5.3 表所示。

习题 5.3 表　三个小班随机抽取数学考试成绩表

第一小班	73	89	82	43	80	73	66	60	45	93	36	77		
第二小班	88	78	48	91	51	85	74	56	77	31	78	62	76	96	80
第三小班	79 56	91	71	71	87	41	59	68	53	79 15			

试在显著性水平 $\alpha=0.05$ 下检验各班级的平均分数有无显著差异。设各个总体服从正态分布,且方差相等。

5.4　为了寻求合适的反应温度和时间,测试了不同温度、时间下溶液中的有效成分比例(%)的数据,如习题 5.4 表所示。

习题 5.4 表　不同温度、时间下,溶液中的有效成分比例数据

温度＼时间	1 h	1.5 h	2 h
50 ℃	76	83	80
60 ℃	80	85	82
70 ℃	82	86	83

(1) 试在显著性水平 $\alpha=0.05$ 下分别检验温度和时间对溶液中的有效成分比例是否有显著影响。

(2) 根据试验数据决定该化学反应采用哪种温度进行多长时间为宜。

5.5　习题 5.5 表给出某种化工过程在三种浓度、四种温度水平下的得率数据。

习题 5.5 表　三种浓度、四种温度水平下的得率数据表

浓度(%)	温度/℃							
	10		24		38		52	
2	14	10	11	11	13	9	10	12
4	9	7	10	8	7	11	6	10
6	5	11	13	14	12	13	14	10

假设在诸水平搭配下得率的总体服从正态分布,且方差相等。试在水平 $\alpha=0.05$ 下检验:在不同浓度下得率有无显著差异;在不同温度下得率是否有显著差异;交互作用的效应是否显著。

(二)

5.6 利用 R 解答 5.1 题。

5.7 利用 R 解答 5.2 题。

5.8 利用 R 解答 5.3 题。

5.9 利用 R 解答 5.4 题。

5.10 利用 R 解答 5.5 题。

第6章　一元线性回归分析

回归分析是数理统计学中应用很广的一个分支,它是处理一个变量与另一个变量、一个变量与多个变量、多个变量与多个变量之间关系的一种统计方法。

"回归"一词是由英国生物学家兼统计学家 F·高尔顿(F. Goltan)在 1886 年左右提出来的。高尔顿以父母的平均身高 x 作为自变量,其一成年儿子的身高 y 为因变量。他观察了 1 074 对父母及其一成年儿子的身高,将所得(x, y)值标在直角坐标系上,结果发现二者的关系近似于一条直线,且总的趋势是 y 随着 x 的增加而增加。通过进一步的分析发现,这 1 074 个 x 值的算术平均为 $\bar{x}=68$ 英寸,而 1 074 个 y 值的算术平均为 $\bar{y}=69$ 英寸,即子代身高平均增加了 1 英寸。据此,人们可能会作出这样的推想:如果父母平均身高为 a 英寸,则这些父母的子代平均身高应为 $a+1$ 英寸,即比父代多 1 英寸。但高尔顿观察的结果与此不符。他发现,当父母平均身高为 72 英寸时,他们的子代身高平均只有 71 英寸,不但达不到预计的 $72+1=73$ 英寸,反而比父母平均身高矮了。反之,若父母平均身高为 64 英寸,则观察数据显示子代平均身高为 67 英寸,比预计的 $64+1=65$ 英寸要高。高尔顿对此的解释是:大自然有一种约束机制,使人类身高分布保持某种稳定形态而不作两极分化。这就是一种使身高"回归于中心"的作用。正是通过这个例子,高尔顿引入了回归这个词。当然,回归一词的现代含义要广泛得多。

本章主要讨论一元线性回归问题,即研究两个变量之间的关系问题,并对多元线性回归作一简单介绍。

6.1　一元线性回归模型

6.1.1　变量之间的关系

在自然界和人类社会中,变量之间相互变动的数量关系大致可分为两种:确定性关系和非确定性关系。确定性关系是指变量之间的关系可以用函数关系来表达,如圆的面积 $A=\pi r^2$(r 为圆的半径)。而非确定性关系不能简单地表示为函数关系,如人的身高与体重之间的关系。一般来说,身高愈高体重愈重,但同样高度的人,体重往往不相同,即身高不能严格地确定体重。又如,产品的产量和单位成本,由于规模效益,一般来说,产量越高,成本越小,但产量相同的两个企业,其单位成本不尽相同,即产量不能严格地确定单位成本。这类关系称为相关关系。回归分析和相关分析就是处理具有相关关系变量的两种统计方法,但回归分析着重于寻求变量之间近似的函数关系,相关分析致力于寻求一些数量指标,以刻画有关变量之间关系深浅的程度。

6.1.2　一元线性回归模型

例 6.1.1　为了研究某类企业的产量和成本之间的关系,现随机抽取 30 个企业,以月产量 x 为自变量,单位成本 y 为因变量,其产量和成本数据如表 6.1.1 所示。

表 6.1.1　某类企业的产量和成本数据

企业编号	产量 x_i/台	单位成本 y_i/千元	企业编号	产量 x_i/台	单位成本 y_i/千元
1	17	175	16	46	148
2	19	173	17	47	147
3	20	168	18	48	143
4	21	171	19	50	145
5	25	170	20	53	141
6	29	165	21	56	142
7	34	167	22	56	136
8	36	163	23	59	132
9	39	160	24	63	127
10	39	158	25	64	128
11	42	162	26	65	124
12	42	159	27	67	128
13	44	155	28	67	123
14	45	151	29	69	125
15	45	156	30	70	121

将每对观察值 (x_i, y_i) 在直角坐标系中描点(如图 6.1.1 所示),这种图称为散点图,从图中大致可以看出,单位成本随着产量的增加而减少,它们之间大致呈线性关系,但这些点不是严格地成一直线,即成本随着产量的增加基本上以线性关系减少,但也呈现出某种不规则的偏离。即随机性的偏离,因此,成本与产量的关系可表示为

$$y = a + bx + \varepsilon \tag{6.1.1}$$

其中,$a+bx$ 表示 y 随 x 变化的总趋势;ε 是随机变量,它表示 y 与 x 间关系的不确定性,称之为随机干扰误差项。一般来说,大量随机干扰因素将相互抵消,其平均干扰为零,即 $E(\varepsilon)=0$,这样 $E(y|x)=a+bx$,即给定 x 时 y 的条件期望与 x 呈线性关系。

一般来说,随机扰动误差项有以下几个来源:

(1)未被考虑但又影响着因变量 y 的种种因素;

(2)变量的观测误差;

(3)模型的设定误差,即 y 对 x 的变化趋势可能是非线性趋势;

(4)在试验或观测中,人们无法控制且难以解释的干扰因素。

通常若对自变量 x 和因变量 y 作 n 次观测,得 n 对数值 (x_i, y_i),$i=1,2,\cdots,n$,则式(6.1.1)可写成

$$y_i = a + bx_i + \varepsilon_i \quad i=1,2,\cdots,n \tag{6.1.2}$$

并假定:

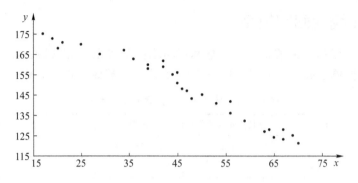

图 6.1.1　x 与 y 的散点图

（1）$\varepsilon_1,\varepsilon_2,\cdots,\varepsilon_n$ 相互独立；

（2）　　　　　　　　　　　$\varepsilon\sim N(0,\sigma^2)\quad i=1,2,\cdots,n$　　　　　　　　（6.1.3）

其中，a、b、σ^2 是未知参数，称式（6.1.2）和式（6.1.3）为一元线性回归模型。上述假定（1）意味着试验（或观测）是独立进行的；假定（2）包括两方面，即正态性和方差齐性，而方差齐性意味着 y 偏离其均值的程度不受自变量 x 的影响。有的情况下，这种假定不成立，如家庭消费与家庭收入之间的关系，低收入的家庭，其收入主要用于生活必需品，同样收入的家庭之间的消费差别不大；而高收入家庭的生活必需品只占其收入的很小一部分，他们的消费行为差别往往很大，因此同样高收入的家庭之间的消费额差别就很大。

在上述讨论中，产量称为自变量，成本称为因变量，且产量的取值可以由人进行控制，但有时变量间并无明显的因果关系存在，且自变量也并非是随机的，如人的身高和体重，不能说身高是因体重是果，或体重是因身高是果。另外，随机地抽出一个人，同时测量其身高和体重，故二者都是随机变量。今后，如无特别说明，在一元回归分析中将固定使用自变量和因变量这对名词，且认为自变量是非随机的。关于一元线性回归模型可形象地用图 6.1.2 来表示。

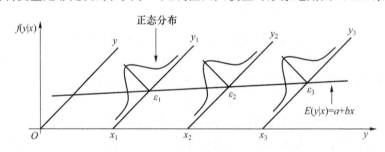

图 6.1.2　一元线性回归模型示意图

6.2　一元线性回归模型的参数估计

6.2.1　最小二乘法

在式（6.1.2）和式（6.1.3）的假定下，根据 n 对观测数据 $(x_i,y_i)(i=1,2,\cdots,n)$ 来估计模型中的参数 a 和 b。若 $\hat{a}$ 和 $\hat{b}$ 分别是它们的估计，则对于给定的 x，取 $\hat{y}=\hat{a}+\hat{b}x$ 作为 y 的估计。方程 $\hat{y}=\hat{a}+\hat{b}x$ 称为 y 关于 x 的线性回归方程，其图形为回归直线。直观上，应选择

$\hat{a}$ 和 $\hat{b}$ 使得所有数据点 $(x_i, y_i)(i=1,2,\cdots,n)$ 尽可能地靠近回归直线。记

$$\hat{y}_i = \hat{a} + \hat{b}x_i, i=1,2,\cdots,n \qquad (6.2.1)$$

$$e_i = y_i - \hat{y}, i=1,2,\cdots,n \qquad (6.2.2)$$

称 $\hat{y}_i$ 为 $x=x_i$ 时 y 的回归值,称 e_i 为残差,即观测值与回归值之差。

于是,$e_1, e_2, \cdots, e_n$ 反映了数据点 (x_i, y_i) 对回归直线的偏离程度,我们当然希望这些偏离愈小愈好,衡量这些偏离大小的一个合理的单一指标为它们的平方和。令

$$Q(a,b) = \sum_{i=1}^{n}(y_i - (a+bx_i))^2 = \sum_{i=1}^{n}\varepsilon_i^2$$

参数 a, b 的估计值 $\hat{a}, \hat{b}$ 满足

$$\begin{aligned}
Q(\hat{a}, \hat{b}) &= \sum_{i=1}^{n}(y_i - (\hat{a}+\hat{b}x_i))^2 \\
&= \min_{a,b}\left\{\sum_{i=1}^{n}(y_i - (a+bx_i))^2\right\} \\
&= \min_{a,b}\{Q(a,b)\}
\end{aligned}$$

为此,取 Q 分别关于 a 和 b 的偏导数,并令它们等于零。

$$\begin{cases}
\left.\dfrac{\partial Q}{\partial a}\right|_{\substack{a=\hat{a} \\ b=\hat{b}}} = -2\sum_{i=1}^{n}(y_i - (\hat{a}+\hat{b}x_i)) = 0 \\[3mm]
\left.\dfrac{\partial Q}{\partial b}\right|_{\substack{a=\hat{a} \\ b=\hat{b}}} = -2\sum_{i=1}^{n}(y_i - (\hat{a}+\hat{b}x_i))x_i = 0
\end{cases} \qquad (6.2.3)$$

方程组(6.2.3)称为正规方程。

解上述方程组得 $\hat{a}$ 和 $\hat{b}$,即

$$\begin{cases}
\hat{b} = \dfrac{n\sum\limits_{i=1}^{n}x_iy_i - \left(\sum\limits_{i=1}^{n}x_i\right)\left(\sum\limits_{i=1}^{n}y_i\right)}{n\sum\limits_{i=1}^{n}x_i^2 - \left(\sum\limits_{i=1}^{n}x_i\right)^2} = \dfrac{\sum\limits_{i=1}^{n}(x_i-\overline{x})(y_i-\overline{y})}{\sum\limits_{i=1}^{n}(x_i-\overline{x})^2} \\[5mm]
\hat{a} = \dfrac{1}{n}\sum\limits_{i=1}^{n}y_i - \dfrac{\hat{b}}{n}\sum\limits_{i=1}^{n}x_i = \overline{y} - \hat{b}\overline{x}
\end{cases} \qquad (6.2.4)$$

其中,

$$\overline{x} = \frac{1}{n}\sum_{i=1}^{n}x_i, \quad \overline{y} = \frac{1}{n}\sum_{i=1}^{n}y_i$$

上述估计的原则是使误差平方和达到最小,因此,这种估计方法称为最小二乘估计法,式(6.2.4)确定的 $\hat{a}$ 和 $\hat{b}$ 称为 a 和 b 的最小二乘估计。

将 $\hat{a} = \overline{y} - \hat{b}\overline{x}$ 代入线性回归方程 $\hat{y} = \hat{a} + \hat{b}x$ 得

$$\hat{y} = \overline{y} + \hat{b}(x - \overline{x}) \qquad (6.2.5)$$

式(6.2.5)表明回归直线经过散点图的几何中心 $(\overline{x}, \overline{y})$。回归直线及各种图示如图 6.2.1

所示。

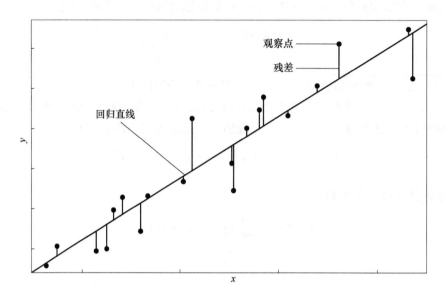

图 6.2.1 回归直线的各种图示

为了计算方便,记

$$
\begin{cases}
S_{xx} = \sum_{i=1}^{n} (x_i - \overline{x})^2 = \sum_{i=1}^{n} x_i^2 - \frac{1}{n} \left(\sum_{i=1}^{n} x_i \right)^2 \\[2mm]
S_{xy} = \sum_{i=1}^{n} (x_i - \overline{x})(y_i - \overline{y}) = \sum_{i=1}^{n} x_i y_i - \frac{1}{n} \left(\sum_{i=1}^{n} x_i \right) \left(\sum_{i=1}^{n} y_i \right) \\[2mm]
S_{yy} = \sum_{i=1}^{n} (y_i - \overline{y})^2 = \sum_{i=1}^{n} y_i^2 - \frac{1}{n} \left(\sum_{i=1}^{n} y_i \right)^2
\end{cases}
\tag{6.2.6}
$$

则

$$
\begin{cases}
\hat{b} = \dfrac{S_{xy}}{S_{xx}} \\[3mm]
\hat{a} = \overline{y} - \hat{b}\overline{x}
\end{cases}
\tag{6.2.7}
$$

例 6.2.1 根据表 6.1.1 给出的观测数据,确定 y 对 x 的线性回归方程。

解 画出散点图(如图 6.2.2 所示),根据式(6.2.6)得

$$S_{xx} = 7\,380.7, \quad \overline{x} = 45.9$$

$$S_{xy} = -7\,713.7, \quad \overline{y} = 148.766\,7$$

进而得

$$\hat{b} = \frac{S_{xy}}{S_{xx}} = \frac{-7\,713.7}{7\,380.7} = -1.045$$

$$\hat{a} = 148.766\,7 - (-1.045) \times 45.9 = 196.738$$

于是,线性回归方程为

$$\hat{y} = 196.738 - 1.045x \tag{6.2.8}$$

基于 R 的求解方法之一如下:

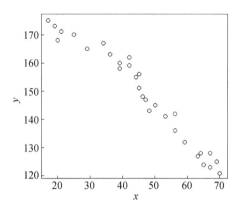

图 6.2.2 某类企业产量(y)和成本(x)的数据圆圈表示的散点图

```
x<-c(17,19,20,21,25,29,34,36,39,39,42,42,44,45,45,46,47,48,50,53,56,56,
     59,63,64,65,67,67,69,70)
y<-c(175,173,168,171,170,165,167,163,160,158,162,159,155,151,156,148,
     147,143,145,141,142,136,132,127,128,124,128,123,125,121)
plot(x,y)
lm1<-lm(y~x)
summary(lm1)
```

Call：
```
lm(formula = y ~ x)
```
Residuals：
```
   Min        1Q     Median      3Q       Max
-7.8352   -3.4478   -0.6133   3.3473   9.1574
```
Coefficients：
```
              Estimate Std. Error t value Pr(>|t|)
(Intercept) 196.73757    2.30247   85.45   <2e-16 ***
x            -1.04512    0.04747  -22.02   <2e-16 ***
---
```
Signif. codes：
```
0 '***' 0.001 '**' 0.01 '*' 0.05 '.' 0.1 ' ' 1
```
Residual standard error：4.078 on 28 degrees of freedom
Multiple R-squared： 0.9454, Adjusted R-squared： 0.9434
F-statistic：484.8 on 1 and 28 DF, p-value：< 2.2e-16

6.2.2 极大似然估计

利用最小二乘估计 a 和 b 时，没有用到回归模型(6.1.3)中的正态性假定。现在我们考虑在回归模型(6.1.2)和回归模型(6.1.3)的假定下，如何求 a、b、σ^2 的极大似然估计。

给定一组自变量的值 $x_1, x_2, \cdots, x_n$，作 n 次独立试验，相应地得到因变量 y 的一组样本 $y_1, y_2, \cdots, y_n$，它们相互独立，且 $y_i \sim N(a+bx_i, \sigma^2)$，则似然函数

$$L(a, b, \sigma^2) = \prod_{i=1}^{n} \frac{1}{\sqrt{2\pi}\sigma} \exp\left\{-\frac{1}{2\sigma^2}(y_i - (a+bx_i))^2\right\}$$

$$= (2\pi\sigma^2)^{-\frac{n}{2}} \exp\left\{-\frac{1}{2\sigma^2}\sum_{i=1}^{n}(y_i - (a+bx_i))^2\right\}$$

于是两边取对数得

$$\ln L = -\frac{n}{2}\ln 2\pi - \frac{n}{2}\ln \sigma^2 - \frac{1}{2\sigma^2}\sum_{i=1}^{n}(y_i - (a+bx_i))^2$$

解方程组

$$\begin{cases} \dfrac{\partial \ln L}{\partial a} = \dfrac{1}{\sigma^2}\sum_{i=1}^{n}(y_i - (a+bx_i)) = 0 \\[2mm] \dfrac{\partial \ln L}{\partial b} = \dfrac{1}{\sigma^2}\sum_{i=1}^{n}(y_i - (a+bx_i))x_i = 0 \\[2mm] \dfrac{\partial \ln L}{\partial \sigma^2} = -\dfrac{n}{2\sigma^2} + \dfrac{1}{2\sigma^4}\sum_{i=1}^{n}(y_i - (a+bx_i))^2 = 0 \end{cases} \quad (6.2.9)$$

得 a、b、σ^2 的极大似然估计

$$\begin{cases} \hat{b} = \dfrac{S_{xy}}{S_{xx}} \\[2mm] \hat{a} = \overline{y} - \hat{b}\overline{x} \\[2mm] \hat{\sigma}^2 = \dfrac{1}{n}\sum_{i=1}^{n}(y_i - (\hat{a}+\hat{b}x_i))^2 = \dfrac{1}{n}\sum_{i=1}^{n}(y_i - \hat{y}_i)^2 = \dfrac{1}{n}\sum_{i=1}^{n}e_i^2 \end{cases} \quad (6.2.10)$$

可见，a 和 b 的极大似然估计与其最小二乘估计一致。

6.2.3　估计的性质

在模型(6.1.2)和模型(6.1.3)的假定下，由式(6.2.9)确定的 a、b、σ^2 的估计具有以下性质。

性质 6.2.1　$\hat{b}$ 服从正态分布，且

$$\begin{cases} E(\hat{b}) = b \\[2mm] D(\hat{b}) = \sigma^2 / \sum_{i=1}^{n}(x_i - \overline{x})^2 = \sigma^2/S_{xx} \end{cases} \quad (6.2.11)$$

可见，$\hat{b}$ 是 b 的无偏估计。

性质 6.2.2　$\hat{a}$ 服从正态分布，且

$$\begin{cases} E(\hat{a}) = a \\[2mm] D(\hat{a}) = \sigma^2 / \left(\dfrac{1}{n} + \dfrac{\overline{x}^2}{S_{xx}}\right) \end{cases} \quad (6.2.12)$$

可见，$\hat{a}$ 也是 a 的无偏估计。

性质 6.2.3 $\overline{y}$、$\hat{b}$、$\hat{\sigma}^2$ 相互独立，且

$$\frac{n\hat{\sigma}^2}{\sigma^2} \sim \chi^2(n-2) \tag{6.2.13}$$

可见，$\hat{\sigma}^2$ 并非是 σ^2 的无偏估计，而 σ^2 的无偏估计是

$$s^2 = \frac{n\hat{\sigma}^2}{n-2} = \frac{1}{n-2}\sum_{i=1}^{n} e_i^2 \tag{6.2.14}$$

另外，残差平方和 $\sum_{i=1}^{n} e_i^2$ 的自由度为 $n-2$，这是由于 $e_1, e_2, \cdots, e_n$ 并非相互独立，它们满足两个约束条件 $\sum_{i=1}^{n} e_i = 0$ 和 $\sum_{i=1}^{n} x_i e_i = 0$，此即正规方程(6.2.3)。

性质 6.2.1 的证明如下：

由于

$$\sum_{i=1}^{n}(x_i - \overline{x})(y_i - \overline{y}) = \sum_{i=1}^{n}(x_i - \overline{x})y_i, \sum_{i=1}^{n}(x_i - \overline{x})^2 = \sum_{i=1}^{n}(x_i - \overline{x})x_i$$

令

$$c_i = \frac{x_i - \overline{x}}{\sum_{i=1}^{n}(x_i - \overline{x})^2} = \frac{x_i - \overline{x}}{S_{xx}}, \quad i = 1, 2, \cdots, n$$

则

$$\hat{b} = \frac{\sum_{i=1}^{n}(x_i - \overline{x})y_i}{\sum_{i=1}^{n}(x_i - \overline{x})^2} = \sum_{i=1}^{n} c_i y_i$$

$\hat{b}$ 为 $y_1, y_2, \cdots, y_n$ 的线性组合。因为 $y_1, y_2, \cdots, y_n$ 相互独立，且

$$y_i \sim N(a + bx_i, \sigma^2), \quad i = 1, 2, \cdots, n$$

所以 $\hat{b}$ 应服从正态分布，且

$$E(\hat{b}) = E(\sum_{i=1}^{n} c_i y_i) = \sum_{i=1}^{n} c_i E(y_i)$$

$$= \sum_{i=1}^{n} c_i(a + bx_i) = a\sum_{i=1}^{n} c_i + b\sum_{i=1}^{n} c_i x_i$$

$$= 0 + b \cdot \sum_{i=1}^{n}(x_i - \overline{x})x_i / S_{xx} = b$$

$$D(\hat{b}) = \sum_{i=1}^{n} D(c_i y_i) = \sum_{i=1}^{n} c_i^2 D(y_i) = \sum_{i=1}^{n} c_i^2 \sigma^2$$

$$= \frac{\sum_{i=1}^{n}(x_i - \overline{x})^2}{S_{xx}^2} \cdot \sigma^2 = \frac{\sigma^2}{S_{xx}}$$

证毕。

性质 6.2.2 的证明如下：

易见 $\hat{a} = \overline{y} - \hat{b}\overline{x}$ 仍是 $y_1, y_2, \cdots, y_n$ 的线性组合,因而应服从正态分布。

$$E(\hat{a}) = E(\overline{y} - \hat{b}\overline{x}) = E(\overline{y}) - \overline{x}E(\hat{b}) = (a + b\overline{x}) - b\overline{x} = a$$

$$D(\hat{a}) = D(\overline{y}) + D(\hat{b}\overline{x}) - 2\text{COV}(\overline{y}, \hat{b}\overline{x})$$

因为

$$D(\overline{y}) = D\left(\frac{1}{n}\sum_{i=1}^{n} y_i\right) = \frac{\sigma^2}{n}$$

$$D(\hat{b}\overline{x}) = \overline{x}^2 D(\hat{b}) = \frac{\overline{x}^2}{S_{xx}} \cdot \sigma^2$$

$$\text{COV}(\overline{y}, \hat{b}\overline{x}) = \overline{x}\,\text{COV}(\overline{y}, \hat{b}) = \frac{\overline{x}}{n}\text{COV}\left(\sum_{i=1}^{n} y_i, \sum_{j=1}^{n} c_j y_j\right)$$

$$= \frac{\overline{x}}{n}\sum_{i=1}^{n}\sum_{j=1}^{n} c_j \text{COV}(y_i, y_j) = \frac{\overline{x}}{n}\sum_{j=1}^{n} c_j D(y_j)$$

$$= \frac{\overline{x}}{n} \cdot \sigma^2 \sum_{j=1}^{n} c_j = 0$$

$$D(\hat{a}) = \left(\frac{1}{n} + \frac{\overline{x}^2}{S_{xx}}\right)\sigma^2$$

证毕。

6.3 回归方程的线性显著性检验

在模型(6.1.2)的假定中,我们假定 y 关于 x 的回归 $E(y|x)$ 具有 $a + bx$ 的线性形式。回归函数 $E(y|x)$ 是否为线性函数,一般有两种方法来进行判断。一种方法是根据相关领域的专业知识或以往经验来判断,另一种方法是在无法用第一种方法判断的情况下根据实际观测数据,利用假设检验的方法来判断。在 6.2 节的讨论中,不难看出,在拟合回归直线的实际计算中,并不需要对变量作任何假定,即对任意 n 对数据,均可利用式(6.2.4)求出回归方程,即可拟合一条直线以表示 x 和 y 之间的关系,那么这条直线是否具有实用价值?或者说,x 和 y 之间是否具有明显的线性关系?本节将利用假设检验的方法来加以判断,即检验假设:

$$H_0: y \text{ 对 } x \text{ 的线性关系不显著}$$
$$H_1: y \text{ 对 } x \text{ 的线性关系显著} \tag{6.3.1}$$

不难看出,若线性关系显著,则 b 不应为零,因为若 $b = 0$,则 y 就不依赖于 x 了。因此检验假设(6.3.1)等价于检验假设

$$H_0: b = 0 \quad H_1: b \neq 0 \tag{6.3.2}$$

为此,考察 n 个 y 的观测值 $y_1, y_2, \cdots, y_n$ 的总离差平方和的分解:

$$S_{yy} = \sum_{i=1}^{n}(y_i - \overline{y})^2 = \sum_{i=1}^{n}[(y_i - \hat{y}_i) + (\hat{y}_i - \overline{y})]^2$$

$$= \sum_{i=1}^{n}(y_i - \hat{y}_i)^2 + \sum_{i=1}^{n}(\hat{y}_i - \overline{y})^2 +$$

$$2\sum_{i=1}^{n}(y_i - \hat{y}_i)(\hat{y}_i - \overline{y})$$

因为交叉项

$$\sum_{i=1}^{n} (y_i - \hat{y}_i)(\hat{y}_i - \overline{y})$$

$$= \sum_{i=1}^{n} (y_i - (\hat{a} + \hat{b}x_i)) \cdot \hat{b}(x_i - \overline{x})$$

$$= \hat{b} \Big[\sum_{i=1}^{n} (y_i - (\hat{a} + \hat{b}x_i))x_i - \overline{x} \sum_{i=1}^{n} (y_i - (\hat{a} + \hat{b}x_i)) \Big]$$

由正规方程(6.2.3)得交叉项为零,于是

$$\sum_{i=1}^{n} (y_i - \overline{y})^2 = \sum_{i=1}^{n} (y_i - \hat{y}_i)^2 + \sum_{i=1}^{n} (\hat{y}_i - \overline{y})^2 \tag{6.3.3}$$

图 6.3.1 所示为三种差的关系示意图。

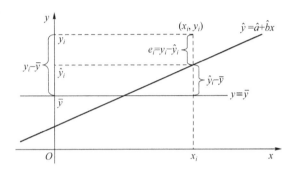

图 6.3.1 三种差的关系示意图

令

$$S_e^2 = \sum_{i=1}^{n} (y_i - \hat{y}_i)^2 \tag{6.3.4}$$

$$S_R^2 = \sum_{i=1}^{n} (\hat{y}_i - \overline{y})^2 \tag{6.3.5}$$

则

$$S_{yy} = S_e^2 + S_R^2 \tag{6.3.6}$$

其中,S_R^2 称之为回归平方和,S_e^2 称之为残差平方和。若 $b=0$,则回归直线 $\hat{y} = \hat{a} + \hat{b}x$ 就变成 $\hat{y} = \overline{y}$ 和直线 $y = \overline{y}$ 重合,此时 S_R^2 应为零。因此,S_R^2 表示由于 x 的变化而引起的 y 的变化,它反映了 y 的变差中由 y 随 x 作线性变化的部分。S_R^2 在 S_{yy} 中的比例愈大,表明 x 对 y 的线性影响愈大,即 y 对 x 的线性关系愈显著。若 y 完全由 x 确定,则给定 $x = x_i$ 时,y 的观测值 y_i 应等于其回归值 $\hat{y}_i$,S_e^2 应为零。因此 S_e^2 是除 x 对 y 的线性影响外的一切随机因素所引起的 y 的变差部分。若 S_e^2 在 S_{yy} 中的比例愈大,则 S_R^2 在 S_{yy} 中的比例愈小,这表明由 x 的变化而引起的 y 的线性变化部分淹没在由于随机因素引起的 y 的变化中,这时 y 对 x 的线性关系就不显著,回归方程也就失去了实际意义。因此,可利用比值

$$F = \frac{S_R^2}{S_e^2/(n-2)} = (n-2)\frac{S_R^2}{S_e^2} \tag{6.3.7}$$

作为检验假设(6.3.2)的检验统计量。当 F 值较大时,拒绝原假设 H_0;反之,当 F 值较小

时,不能拒绝 H_0。可以证明：

(1) $\dfrac{S_e^2}{\sigma^2} \sim \chi^2(n-2)$ 且 S_e^2 与 S_R^2 相互独立；

(2) 当 H_0 成立时，

$$\frac{S_R^2}{\sigma^2} \sim \chi^2(1)$$

于是,当 H_0 成立时，

$$F = (n-2)\frac{S_R^2}{S_e^2} \sim F(1, n-2)$$

给定显著性水平 α，当 $F > F_{1-\alpha}(1, n-2)$ 时拒绝 H_0，即认为 y 对 x 的线性关系显著；反之，认为 y 对 x 的线性关系不显著。以上检验过程可归纳成方差分析表6.3.1。

表 6.3.1　一元线性回归的方差分析表

变差来源	平方和	自由度	均方	F 值
回归	$S_R^2 = \sum\limits_{i=1}^{n} (\hat{y}_i - \overline{y})^2$	1	S_R^2	$(n-2)\dfrac{S_R^2}{S_e^2}$
残差	$S_e^2 = \sum\limits_{i=1}^{n} (y_i - \hat{y}_i)^2$	$n-2$	$\dfrac{S_e}{n-2}$	
总和				

S_{yy}、S_R^2、S_e^2 通常按下式计算：

$$S_{yy} = \sum_{i=1}^{n} y_i^2 - \frac{1}{n}\left(\sum_{i=1}^{n} y_i\right)^2 \tag{6.3.8}$$

$$S_R^2 = \sum_{i=1}^{n} (\hat{y}_i - \overline{y})^2 = \sum_{i=1}^{n} (\hat{a} + \hat{b}x_i - \overline{y})^2$$

$$= \sum_{i=1}^{n} ((\overline{y} - \hat{b}\overline{x} + \hat{b}x_i) - \overline{y})^2 \tag{6.3.9}$$

$$= \hat{b}^2 \sum_{i=1}^{n} (x_i - \overline{x})^2 = \hat{b}^2 S_{xx} = \hat{b}S_{xy}$$

$$S_e^2 = S_{yy} - S_R^2 \tag{6.3.10}$$

例 6.3.1　给定显著性水平 $\alpha = 0.05$，试检验例 6.2.1 中的回归方程(6.2.8)的线性效果是否显著。

解　由式(6.3.8)～式(6.3.10)，经计算得方差分析表6.3.2。

查表得 $F_{0.95}(1, 28) = 4.20 < 484.767$，因此，拒绝 H_0，认为当显著性水平 $\alpha = 0.05$ 时，式(6.2.8)的回归方程线性显著。

表 6.3.2　成本对产量回归的方差分析表

变差来源	平方和	自由度	均方	F 值
回归	8 061.724	1	8 061.724	484.767
残差	465.642	28	16.630	
总和	8 527.367	29		

基于 R 的求解方法之一如下：(续例 6.2.1)

summary.aov(lm1)

```
              Df Sum Sq Mean Sq F value Pr(>F)
x              1   8062    8062   484.8 <2e-16 ***
Residuals     28    466      17
```

— — —

Signif. codes：

0 '***' 0.001 '**' 0.01 '*' 0.05 '.' 0.1 ' ' 1

6.4 根据回归方程进行预测和控制

前几节的讨论主要在于揭示变量 x 和 y 之间是否存在线性相关关系以及如何描述它们之间的线性关系。本节讨论回归分析的另一内容——回归预测，即如果 y 对 x 的线性回归方程线性效果显著，那么如何根据自变量 x 的值预测因变量 y 的取值范围——预测区间，以及 y 均值的置信区间。

6.4.1 均值 $E(y_0|x_0)$ 的置信区间

根据变量 x 和 y 的 n 对样本数据 $(x_i,y_i),i=1,2,\cdots,n$，拟合 y 对 x 的线性回归方程 $\hat{y}=\hat{a}+\hat{b}x$。假定通过检验，该回归方程线性显著。设当自变量 $x=x_0$ 时，因变量 y 的观测值为 y_0，则在线性回归模型(6.1.2)和(6.1.3)的假定下，

$$y_0=a+bx_0+\varepsilon，且 \varepsilon_0\sim N(0,\sigma^2) \tag{6.4.1}$$

于是在 x_0 处 y 的均值 $E(y_0|x_0)=a+bx_0$，而在 x_0 处，y 的回归值

$$\hat{y}_0=\hat{a}+\hat{b}x_0 \tag{6.4.2}$$

其中 $\hat{a}、\hat{b}$ 由式(6.2.4)给出。很自然，取 $\hat{y}_0$ 作为 $E(y_0|x_0)=a+bx_0$ 的估计值。由于 $\hat{a}、\hat{b}$ 均是 $y_1,y_2,\cdots,y_n$ 的线性组合，则 $\hat{y}_0$ 也是 $y_1,y_2,\cdots,y_n$ 的线性组合。而 $y_1,y_2,\cdots,y_n$ 相互独立，且 $y_i\sim N(a+bx_i,\sigma^2)$，易证

$$\hat{y}_0\sim N(a+bx_0,(\frac{1}{n}+\frac{(x_0-\bar{x})^2}{S_{xx}})\sigma^2) \tag{6.4.3}$$

因此

$$\frac{\hat{y}_0-E(y_0|x_0)}{\sigma\sqrt{\frac{1}{n}+\frac{(x_0-\bar{x})^2}{S_{xx}}}}\sim N(0,1) \tag{6.4.4}$$

由式(6.2.13)和式(6.2.14)得

$$\frac{(n-2)s^2}{\sigma^2}\sim\chi^2(n-2) \tag{6.4.5}$$

其中，S^2 是 σ^2 的无偏估计。另外，由性质 6.2.3 知，$\bar{y}、\hat{b}、\hat{\sigma}^2$ 相互独立，因此 $\hat{y}_0=\hat{a}+\hat{b}x_0=\bar{y}+\hat{b}(x_0-\bar{x})$ 与 $s^2=\frac{n\hat{\sigma}^2}{n-2}$ 独立，从而根据式(6.4.4)和式(6.4.5)得

$$\frac{\hat{y}_0 - E(y_0 \mid x_0)}{s\sqrt{\frac{1}{n} + \frac{(x_0 - \overline{x})^2}{S_{xx}}}} \sim t(n-2) \qquad\qquad (6.4.6)$$

则有

$$P\left(\left|\frac{\hat{y}_0 - E(y_0 \mid x_0)}{s\sqrt{\frac{1}{n} + \frac{(x_0 - \overline{x})^2}{S_{xx}}}}\right| < t_{1-\frac{\alpha}{2}}(n-2)\right) = 1-\alpha$$

从而 $E(y_0 \mid x_0)$ 的 $100(1-\alpha)\%$ 置信区间为

$$\hat{y}_0 - s\sqrt{\frac{1}{n} + \frac{(x_0 - \overline{x})^2}{S_{xx}}} \cdot t_{1-\frac{\alpha}{2}}(n-2) < E(y_0 \mid x_0) < \hat{y}_0 + s\sqrt{\frac{1}{n} + \frac{(x_0 - \overline{x})^2}{S_{xx}}} \cdot t_{1-\frac{\alpha}{2}}(n-2)$$

$$(6.4.7)$$

例 6.4.1 设在例 6.1.1 的某类企业中,现有若干个企业均计划下个月产量为 51 台,求其单位成本均值的 95% 置信区间。

解 经计算得 $\overline{x} = 45.9, S_{xx} = 7\,380.7$。由式(6.2.14)及表 6.3.2 得

$$s^2 = \frac{1}{n-2}\sum_{i=1}^{n} e_i^2 = \frac{S_e^2}{n-2} = \frac{465.642}{30-2} = 16.630$$

查表得 $t_{0.975}(28) = 2.048\,4$,于是

$$s\sqrt{\frac{1}{n} + \frac{(x_0 - \overline{x})^2}{S_{xx}}} \cdot t_{0.975}(28)$$

$$= \sqrt{16.630} \times \sqrt{\frac{1}{30} + \frac{(51 - 45.9)^2}{7\,380.7}} \times 2.048\,4 = 1.603\,7$$

由式(6.2.8)得

$$\hat{y}_0 = \hat{a} + \hat{b}x_0 = 196.738 - 1.045 \times 51 = 143.443$$

由式(6.4.7)得,当 $x_0 = 51$ 时,单位成本均值 $E(y_0 \mid x_0)$ 的置信区间为 $(141.839\,3, 145.046\,7)$[①] 千元。

基于 R 的求解方法之一如下:

```
predict(lm1,data.frame(x = 51),interval = "confidence",level = 0.95)
      fit      lwr      upr
1 143.4366 141.8329 145.0403
```

6.4.2 观测值 y_0 的预测区间

当 $x = x_0$ 时,仍然用 $\hat{y}_0$ 作为 y_0 的预测值,因为 (x_0, y_0) 是将要做的一次独立试验的结果,故 $y_0, y_1, y_2, \cdots, y_n$ 相互独立,而 $\hat{y}_0$ 是 $y_1, y_2, \cdots, y_n$ 的线性组合,故 y_0 和 $\hat{y}_0$ 相互独立。于是由式(6.4.1)和式(6.4.3)得

---

① 本例中 $E(y_0 \mid x_0)$ 的 95% 置信区间 $(141.839\,3, 145.046\,7)$ 可作这样理解:设现有同类企业 km 个,其月产量均为 51 台,第 i 组 k 个企业,单位成本为 $y_{i1}, y_{i2}, \cdots, y_{ik}$,平均单位成本 $\overline{y}_{i\cdot} = \frac{1}{k}\sum_{j=1}^{k} y_{ij}, i = 1, 2, \cdots, m$,则当 k 和 m 充分大时,m 个平均单位成本 $\overline{y}_{1\cdot}, \overline{y}_{2\cdot}, \cdots, \overline{y}_{m\cdot}$ 中大约有 95% 落在 $(141.839\,3, 145.046\,7)$ 区间中。

$$y_0 - \hat{y}_0 \sim N\left(0, \left(1 + \frac{1}{n} + \frac{(x_0 - \bar{x})^2}{S_{xx}}\right)\sigma^2\right)$$

$$\frac{y_0 - \hat{y}_0}{\sigma \sqrt{1 + \frac{1}{n} + \frac{(x_0 - \bar{x})^2}{S_{xx}}}} \sim N(0, 1) \tag{6.4.8}$$

由于 y_0 与 $y_1, y_2, \cdots, y_n$ 独立，从而也与 $\hat{\sigma}^2$ 独立，结合性质 6.2.3 知：y_0、$\hat{y}_0$、s^2 相互独立，故根据式(6.4.5)和式(6.4.8)得

$$\frac{y_0 - \hat{y}_0}{s \sqrt{1 + \frac{1}{n} + \frac{(x_0 - \bar{x})^2}{S_{xx}}}} \sim t(n-2)$$

于是对于给定的置信度 $1 - \alpha$ 有

$$P\left(\left|\frac{y_0 - \hat{y}_0}{s \sqrt{1 + \frac{1}{n} + \frac{(x_0 - \bar{x})^2}{S_{xx}}}}\right| < t_{1-\frac{\alpha}{2}}(n-2)\right) = 1 - \alpha$$

从而得 y_0 的 $100(1-\alpha)\%$ 预测区间为

$$\hat{y}_0 - s \sqrt{1 + \frac{1}{n} + \frac{(x_0 - \bar{x})^2}{S_{xx}}} \cdot t_{1-\frac{\alpha}{2}}(n-2) < y_0 < \hat{y}_0 + s \sqrt{1 + \frac{1}{n} + \frac{(x_0 - \bar{x})^2}{S_{xx}}} \cdot t_{1-\frac{\alpha}{2}}(n-2)$$

$$\tag{6.4.9}$$

例 6.4.2 在例 6.1.1 中，现有某个企业计划其下月产量为 51 台，求该企业下月的单位成本的 95% 预测区间。

解 类似于例 6.4.1 得

$$s \sqrt{1 + \frac{1}{n} + \frac{(x_0 - \bar{x})^2}{S_{xx}}} \cdot t_{0.975}(28)$$

$$= \sqrt{16.630} \times \sqrt{1 + \frac{1}{30} + \frac{(51 - 45.9)^2}{7\,380.7}} \times 2.048\,4 = 8.505\,9$$

根据式(6.4.9)得，单位成本 y_0 的 95% 预测区间为 $(134.937\,1, 151.948\,9)$[①]千元。
基于 R 的求解方法之一如下：

```
predict(lm1,data.frame(x = 51),interval = "prediction",level = 0.95)
        fit      lwr      upr
1 143.4366 134.9306 151.9425
```

6.4.3 几点说明

（1）预测区间与置信区间意义相似，只是后者是对未知参数而言，前者是对随机变量而言。

（2）对应于已知的 x_0, y_0 的均值 $E(y_0 | x_0)$ 的预测精度要比对 y_0 的预测精度要高。这

---

① 本例中，y_0 的 95% 预测区间为 $(134.937\,1, 151.948\,9)$ 可作这样理解：设现有 m 个同类企业，其月产量均为 51 台，相应的单位成本为 $y_1, y_2, \cdots, y_m$，则当 a 充分大时，这 m 个单位成本中大约有 95% 落在 $(134.937\,1, 151.948\,9)$ 区间中。

是因为在置信度相同的情况下,由式(6.4.7)和式(6.4.9)易见:$E(y_0 | x_0)$的置信区间比 y_0 的预测区间更窄。这可以用图6.4.1来解释。

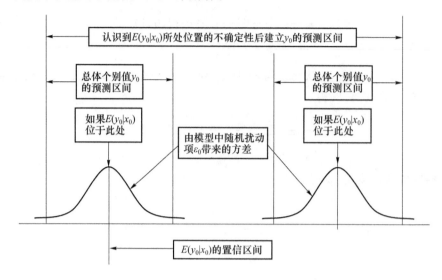

图 6.4.1 各种区间示意图

(3) 由式(6.4.7)和式(6.4.9)易见,当 x_0 越靠近 $\overline{x}$ 时,预测精度越高;反之,精度愈差。如果 $x_0 \in (\min\limits_{1 \leqslant i \leqslant n}\{x_i\}, \max\limits_{1 \leqslant i \leqslant n}\{x_i\})$,即 x_0 在样本数据值域之内,这样的预测称为内插预测;如果 $x_0 \notin (\min\limits_{1 \leqslant i \leqslant n}\{x_i\}, \max\limits_{1 \leqslant i \leqslant n}\{x_i\})$,即 x_0 在样本数据值域之外,这样的预测就称为外推预测。由于在样本数据值域以外,变量之间的线性关系可能发生变化,如图6.4.2所示,故外推预测具有一定的风险,而内插预测利用的是经过检验的模型,故相对可靠。

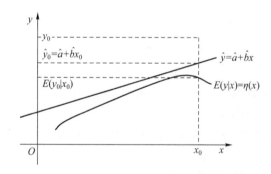

图 6.4.2 样本观测值、预测值及置信区域之间关系

(4) 自变量的样本数据 $x_1, x_2, \cdots, x_n$ 越分散,即离差平方和 $S_{xx} = \sum\limits_{i=1}^{n}(x_i - \overline{x})^2$ 越大,预测精度越高。因此,若 x 是可控制的,选出诸 x_i 时应使 S_{xx} 尽量大,以提高预测精度。

$E(y_0 | x_0)$的置信区间和 y_0 的预测区间都是在线性回归模型假定(6.1.2)和(6.1.3)成立的前提下推导出来的。关于模型正确与否可利用残差图、有重复观察数据的模型检验等方法来判断,本书不再赘述。

6.5 可化为线性回归的非线性回归模型

前几节讨论了两变量之间的内在关系为线性关系时,如何拟合回归直线。但是,在实际中有时两变量之间的内在关系是非线性关系,即 $E(y|x)=f(x;\theta_1,\theta_2)$ 是非线性的。一般来说,确定两变量之间的函数关系通常有两种方法:一种方法是根据专业知识,通过理论推导或根据经验来确定函数类型,例如细菌培养实验中,每一时刻的细菌总量 y 与时间 x 有指数关系,即 $y=ae^{bx}$;另一种方法是在根据理论和经验无法推知 x 和 y 间的函数类型的情况下,只能根据试验数据选取恰当类型的函数曲线来拟合。在拟合曲线时,最好用不同函数类型计算后进行比较。希望所拟合的 $\hat{y}=f(x;\hat{\theta}_1,\hat{\theta}_2)$ 曲线与观测数据 $(x_i,y_i)(i=1,2,\cdots,n)$ 拟合较好,通常用残差平方和

$$S_e^2 = \sum_{i=1}^{n}(\hat{y}_i - y_i)^2 \tag{6.5.1}$$

或相关指数

$$R^2 = 1 - \frac{\sum_{i=1}^{n}(\hat{y}_i - y_i)^2}{\sum_{i=1}^{n}(y_i - \bar{y})^2} = 1 - \frac{S_e^2}{S_{yy}} \tag{6.5.2}$$

衡量拟合曲线的好坏,其中 $\hat{y}_i=f(x_i;\hat{\theta}_1,\hat{\theta}_2)$,且 S_e^2 越小或 R^2 越大,表明拟合效果越好。

在某些情况下,针对所选取的函数,可以通过适当的变换,将变量间的关系式化为线性形式,举例如下。

(1) 双曲线 $\frac{1}{y}=a+\frac{b}{x}+\varepsilon,\varepsilon\sim N(0,\sigma^2)$,如图 6.5.1 所示。

令 $y'=\frac{1}{y},x'=\frac{1}{x}$,则

$$y'=a+bx'+\varepsilon,\varepsilon\sim N(0,\sigma^2)$$

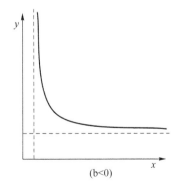
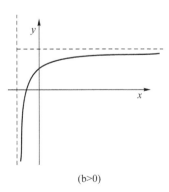

(b<0)　　　　　　　　　(b>0)

图 6.5.1　双曲线

(2) 幂函数曲线 $y=dx^b\varepsilon,\ln\varepsilon\sim N(0,\sigma^2)$,如图 6.5.2 所示。

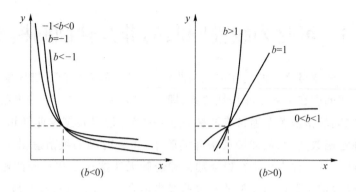

图 6.5.2　幂函数曲线

令 $y'=\ln y, x'=\ln x, a=\ln d, \varepsilon'=\ln \varepsilon$，则

$$y'=a+bx'+\varepsilon', \quad \varepsilon'\sim N(0,\sigma^2)$$

（3）对数曲线 $y=a+b\ln x+\varepsilon, \varepsilon\sim N(0,\sigma^2)$，如图 6.5.3 所示。

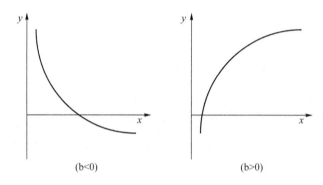

图 6.5.3　对数曲线

令 $x'=\ln x$，则

$$y=a+bx'+\varepsilon, \varepsilon\sim N(0,\sigma^2)$$

（4）指数函数曲线 $y=de^{bx}\varepsilon, \ln \varepsilon\sim N(0,\sigma^2)$，如图 6.5.4 所示。

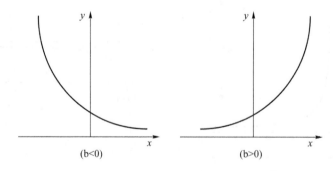

图 6.5.4　指数函数曲线

令 $y'=\ln y, a=\ln d, \varepsilon'=\ln \varepsilon$，则

$$y'=a+bx+\varepsilon', \varepsilon'\sim N(0,\sigma^2)$$

（5）S形曲线 $y=\dfrac{1}{a+b\mathrm{e}^{-x}+\varepsilon}$，$\varepsilon\sim N(0,\sigma^2)$，如图 6.5.5 所示。

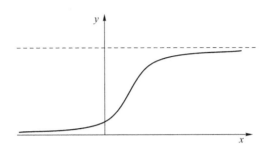

图 6.5.5　S形曲线

令 $y'=\dfrac{1}{y}$，$x'=\mathrm{e}^{-x}$，则

$$y'=a+bx'+\varepsilon,\varepsilon\sim N(0,\sigma^2)$$

例 6.5.1　为了考察某市百货商店的销售额 x 与流通费用率 y 之间的关系，表 6.5.1 列出了该市 9 个商店的销售额与流通费用率的统计资料，求 y 关于 x 的回归方程。

表 6.5.1　销售额与流通费用率数据

商店编号	1	2	3	4	5	6	7	8	9
销售额 x/万元	1.5	4.5	7.5	6.5	15.5	16.5	19.5	22.5	25.5
流通费用率 y(%)	7.0	4.8	3.6	3.1	2.7	2.5	2.4	2.3	2.2

解　作散点图，如图 6.5.6 所示，从图可以看出 y 随 x 的增加而减少，它们之间大致成双曲函数关系或幂函数关系。

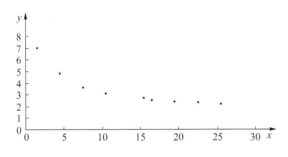

图 6.5.6　销售额与流通数据散点图

先考察双曲线关系，即

$$y=a+\frac{b}{x}$$

令

$$y'=y,x'=\frac{1}{x}$$

则上式可写成 $y'=a+bx'$，这是线性回归方程，从而可用最小二乘法估计 a 和 b，经计算得

$$\overline{x}'=0.153\,058,\quad \overline{y}'=3.4,\quad S_{x'x'}=0.364\,289,\quad S_{x'y'}=2.770\,054$$

从而

$$\hat{b}=\frac{S_{x'y'}}{S_{x'x'}}=7.604\,008, \quad \hat{a}=\overline{y}'-\hat{b}\overline{x}'=2.236\,143$$

于是得回归方程

$$y'=2.236\,143+7.604\,008x' \tag{6.5.3}$$

基于 R 的求解方法之一如下：

```
x<-c(1.5,4.5,7.5,6.5,15.5,16.5,19.5,22.5,25.5)
y<-c(7.0,4.8,3.6,3.1,2.7,2.5,2.4,2.3,2.2)
xt<-1/x
lm1<-lm(y~xt)
summary(lm1)
```

```
Call：
lm(formula = y ~ xt)

Residuals：
    Min       1Q      Median      3Q      Max
 −0.3343   −0.2741   −0.1970    0.1397    0.8741

Coefficients：
              Estimate Std. Error t value Pr(>|t|)
(Intercept)   2.2361     0.1829     12.22 5.62e−06 ***
xt            7.6040     0.7505      6.13 1.96e−05 ***
− − −
Signif. codes：
0 '***' 0.001 '**' 0.01 '*' 0.05 '.' 0.1 ' ' 1

Residual standard error：0.4271 on 7 degrees of freedom
Multiple R−squared： 0.9362,Adjusted R−squared： 0.927
F−statistic：102.6 on 1 and 7 DF, p−value：1.963e−05
```

经检验,在显著性水平 $\alpha=0.05$ 下,回归方程(6.5.3)的线性关系显著,根据回归方程计算对应于各 x_i 的回归值 $\hat{y}_i=\frac{1}{\hat{y}'_i}$,残差 $e_i=y_i-\hat{y}_i$,以及残差平方和 $\sum\limits_{i=1}^{n}e_i^2$,具体计算如表 6.5.2 所示。

从表 6.5.2 中可以看出,残差平方和 $S_e^2\approx1.28$,总平方和 $S_{yy}=20$,相关指数为 $R^2=1-\frac{1.28}{20}=0.936$,另外,销售额与流通费用的简单相关系数的平方为 0.753 4,因此,两者是不同的。

表 6.5.2 残差平方和计算数据表

编号	x_i	y_i	$\dfrac{7.604\,008}{x_i}$	$\widehat{y_i'}$	$e_i = y_i - \widehat{y_i}$	e_i^2
1	1.5	7.0	5.069 339	7.305 482	0.305 482	0.093 319
2	4.5	4.8	1.689 780	3.925 923	−0.874 077	0.764 011
3	7.5	3.6	1.013 868	3.250 011	−0.349 989	0.122 492
4	6.5	3.1	0.724 191	2.960 334	−0.139 666	0.019 507
5	15.5	2.7	0.490 581	2.726 724	0.026 724	0.000 714
6	16.5	2.5	0.460 849	2.704 633	0.204 633	0.041 875
7	19.5	2.4	0.389 949	2.626 092	0.226 092	0.051 118
8	22.5	2.3	0.337 956	2.574 099	0.274 099	0.075 130
9	25.5	2.2	0.298 196	2.534 339	0.334 339	0.111 783
$\sum$						1.279 949

基于 R 的求解方法之一如下：

```
summary.aov(lm1)
          Df Sum Sq Mean Sq F value   Pr(> F)
xt         1 18.723  18.723   102.6 1.96e − 05 ***
Residuals   71.277   0.182
- - -
Signif. codes：
0 '***' 0.001 '**' 0.01 '*' 0.05 '.' 0.1 ' ' 1
```

再考察 x 与 y 之间的幂函数关系 $y = ax^b$，得回归方程：$y = 8.520\,972 x^{-0.423\,293}$，残差平方和：$S_e^2 = 0.007\,021\,2$，相关指数 $R^2 = 0.994\,21$。

基于 R 的求解方法之一如下：

```
logx < − log(x)
logy < − log(y)
lm2 < − lm(logy~logx)
summary(lm2)

Call：
lm(formula = logy ~ logx)

Residuals:
    Min        1Q      Median       3Q        Max
− 0.039596  − 0.015807  − 0.008702  0.010901  0.062751

Coefficients:
         Estimate Std. Error t value Pr(>|t|)
```

```
(Intercept)    2.14253    0.03057    70.08 3.17e-11 ***
logx          -0.42329    0.01221   -34.66 4.32e-09 ***
---
Signif. codes：
0 '***' 0.001 '**' 0.01 '*' 0.05 '.' 0.1 ' ' 1

Residual standard error：0.03167 on 7 degrees of freedom
Multiple R-squared： 0.9942,Adjusted R-squared： 0.9934
F-statistic： 1201 on 1 and 7 DF, p-value：4.316e-09
exp(lm2 $ coefficients[1])
(Intercept)
  8.520972
summary.aov(lm2)
          Df Sum Sq Mean Sq F value    Pr(>F)
logx       1  1.205  1.205     1201 4.32e-09 ***
Residuals  7  0.007  0.001
---
Signif. codes：
0 '***' 0.001 '**' 0.01 '*' 0.05 '.' 0.1 ' ' 1
```

因此,拟合幂函数曲线比拟合双曲线的实际效果要好。另外,在对 y 进行预测时,可先对 y' 进行预测,再将 y' 的预测区间变换到 y 的区间。

6.6　多元回归分析简介

在实际问题中,影响一个量 y(称为因变量)的因素(称为自变量)往往有多个,例如,影响化工产品产出率的因素有反应温度、反应时间等;影响一种商品的销售量的因素有人均年收入、该产品的价格、相关商品的价格等。我们把研究一个因变量与多个自变量之间相随变动的定量关系问题称为多元回归问题。通常考虑因变量关于自变量的线性关系,即多元线性回归问题。虽然多元回归比一元回归应用更广泛、方法更复杂,但其基本原理与一元回归相类似,因而可看作是一元回归分析的一种扩展。前几节中讨论的一元回归分析的很多方法和概念对于多元回归问题仍然适用,但在计算和理论上较复杂一些。为此需要利用矩阵这一代数工具,使得叙述更方便,公式表达更简洁。本节并不打算对多元回归的理论方法等作详细介绍,只是对多元回归的模型和参数估计问题进行简单介绍。

本节考虑有 p 个自变量 $x_1,x_2,\cdots,x_p$ 的情形。多元线性回归模型为

$$y=b_0+b_1x_1+\cdots+b_px_p+\varepsilon \quad \varepsilon\sim N(0,\sigma^2) \tag{6.6.1}$$

同时假定自变量是可控制的,即可视为非随机变量,其中 $b_1,b_2,\cdots,b_p$ 分别称为 y 对 $x_1,x_2,\cdots,x_p$ 的回归系数,ε 仍为随机干扰项。

现设对 $x_1,x_2,\cdots,x_p$ 和 y 进行了 n 次观察,得到 n 对观察值 $(x_{i1},x_{i2},\cdots,x_{ip},y_i)$,$i=1,2,\cdots,n$,$\varepsilon_1,\varepsilon_2,\cdots,\varepsilon_n$ 是相应的随机误差,则基于样本的多元线性回归模型为

$$y_i = b_0 + b_1 x_{i1} + \cdots + b_p x_{ip} + \varepsilon_i, \quad i = 1, 2, \cdots, n \tag{6.6.2}$$

并假定 $\varepsilon_1, \varepsilon_2, \cdots, \varepsilon_n$ 相互独立,且同服从正态分布 $N(0, \sigma^2)$。令

$$\mathbf{Y} = \begin{pmatrix} y_1 \\ y_2 \\ \vdots \\ y_n \end{pmatrix} \quad \boldsymbol{\varepsilon} = \begin{pmatrix} \varepsilon_1 \\ \varepsilon_2 \\ \vdots \\ \varepsilon_n \end{pmatrix} \quad \mathbf{B} = \begin{pmatrix} b_0 \\ b_1 \\ \vdots \\ b_p \end{pmatrix} \quad \mathbf{X} = \begin{pmatrix} 1 & x_{11} & \cdots & x_{1p} \\ 1 & x_{21} & \cdots & x_{2p} \\ \vdots & \vdots & & \vdots \\ 1 & x_{n1} & \cdots & x_{np} \end{pmatrix}$$

则模型(6.6.2)可简写成

$$\mathbf{Y} = \mathbf{XB} + \boldsymbol{\varepsilon} \tag{6.6.3}$$

和一元回归分析一样,我们要根据观察所得数据对 $b_0, b_1, b_2, \cdots, b_p, \sigma^2$ 进行估计。令

$$Q(b_0, b_1, \cdots, b_p) = \sum_{i=1}^{n} (y_i - (b_0 + b_1 x_{i1} + \cdots + b_p x_{ip}))^2 = \sum_{i=1}^{n} \varepsilon_i^2$$

则 $b_0, b_1, \cdots, b_p$ 的最小二乘估计 $\hat{b}_0, \hat{b}_1, \cdots, \hat{b}_p$ 应满足

$$Q(\hat{b}_0, \hat{b}_1, \cdots, \hat{b}_p) = \min_{b_0, b_1, \cdots, b_p} \{ Q(b_0, b_1, \cdots, b_p) \}$$

即求 $b_0, b_1, \cdots, b_p$ 使 $Q(b_0, b_1, \cdots, b_p)$ 达到最小,为此令

$$\frac{\partial Q}{\partial b_j} = 0, \quad j = 0, 1, 2, \cdots, p$$

得

$$\begin{cases} -2 \sum\limits_{i=1}^{n} (y_i - (b_0 + b_1 x_{i1} + \cdots + b_p x_{ip})) = 0 \\ -2 \sum\limits_{i=1}^{n} (y_i - (b_0 + b_1 x_{i1} + \cdots + b_p x_{ip})) x_{ij} = 0, \quad j = 1, 2, \cdots, p \end{cases} \tag{6.6.4}$$

这 $p+1$ 个方程称为正规方程。

将式(6.6.4)进行整理,并用矩阵表示,即为

$$(\mathbf{X}'\mathbf{X})\mathbf{B} = \mathbf{X}'\mathbf{Y} \tag{6.6.5}$$

假定 $\mathbf{X}'\mathbf{X}$ 可逆,在式(6.6.5)两边左乘 $(\mathbf{X}'\mathbf{X})^{-1}$ 可得 $\mathbf{B}$ 的最小二乘估计

$$\hat{\mathbf{B}} = \begin{pmatrix} \hat{b}_0 \\ \hat{b}_1 \\ \vdots \\ \hat{b}_p \end{pmatrix} = (\mathbf{X}'\mathbf{X})^{-1} \mathbf{X}'\mathbf{Y} \tag{6.6.6}$$

称 $\hat{y}_i = \hat{b}_0 + \hat{b}_1 x_{i1} + \cdots + \hat{b}_p x_{ip}, i = 1, 2, \cdots, n$ 为回归值。称 $e_i = y_i - \hat{y}_i$ 为残差。

令

$$\hat{\mathbf{Y}} = \begin{pmatrix} \hat{y}_1 \\ \hat{y}_2 \\ \vdots \\ \hat{y}_n \end{pmatrix} = \mathbf{X}\hat{\mathbf{B}} = \mathbf{X}(\mathbf{X}'\mathbf{X})^{-1} \mathbf{X}'\mathbf{Y} \tag{6.6.7}$$

$$e = \begin{pmatrix} e_1 \\ e_2 \\ \vdots \\ e_n \end{pmatrix} = \begin{pmatrix} y_1 - \hat{y}_1 \\ y_2 - \hat{y}_2 \\ \vdots \\ y_n - \hat{y}_n \end{pmatrix} \tag{6.6.8}$$

$$= Y - \hat{Y} = Y - X(X'X)^{-1}X'Y = (I - X(X'X)^{-1}X')Y$$

$$s^2 = \frac{1}{n-p-1} \sum_{i=1}^{n} e_i^2 \tag{6.6.9}$$

与一元线性回归类似,有如下定理。

定理 6.6.1 (1) $\hat{B}$ 是 B 的线性无偏估计;

(2) s^2 是 σ^2 的无偏估计;

(3) $\hat{B}$ 与 s^2 相互独立。

证 (1)由于 $\varepsilon_1, \varepsilon_2, \cdots, \varepsilon_n$ 相互独立,且同服从正态分布 $N(0, \sigma^2)$,因此 $E(\varepsilon) = 0$,根据式(6.6.3)得

$$E(Y) = E(XB + \varepsilon) = XB + E(\varepsilon) = XB$$

从而得

$$E(\hat{B}) = E((X'X)^{-1}X'Y) = (X'X)^{-1}X'E(Y) = (X'X)^{-1}X'XB = B$$

故 $\hat{B}$ 是 B 的线性无偏估计。

(2) 令 $P = I - X(X'X)^{-1}X'$,则有 $P' = P, P^2 = P$,且 P 的迹

$$\text{tr}(P) = \text{tr}(I) - \text{tr}(X(X'X)^{-1}X') = n - \text{tr}(X'X(X'X)^{-1}) = n - p - 1$$

易见 $P(XB) = 0$,而由式(6.6.8)知,$e = PY$,因此 $e = PY = PY - PXB = P(Y - XB) = P\varepsilon$,这样

$$\sum_{i=1}^{n} e_i^2 = e'e = (P\varepsilon)'(P\varepsilon) = \varepsilon'P'P\varepsilon = \varepsilon'P\varepsilon$$

$$E\left(\sum_{i=1}^{n} e_i^2\right) = E(\varepsilon'P\varepsilon) = E(\text{tr}(\varepsilon'P\varepsilon))$$

$$= E(\text{tr}(P\varepsilon\varepsilon'))$$

$$= \text{tr}(E(P\varepsilon\varepsilon'))$$

$$= \text{tr}(PE(\varepsilon\varepsilon'))$$

$$= \text{tr}(P \cdot \sigma^2 I)$$

$$= \sigma^2 \text{tr}(P) = (n - p - 1)\sigma^2$$

从而 $E(S^2) = \frac{1}{n-p-1} E\left(\sum_{i=1}^{n} e_i^2\right) = \sigma^2$ 与一元线性回归一样,还需检验如下假设:

$$H_0: b_1 = b_2 = \cdots = b_p = 0 \qquad H_1: b_1, b_2, \cdots, b_p \text{ 中至少有一个不为零}$$

若拒绝原假设 H_0,则说明多元回归模型线性效果显著;反之,回归方程并无实际意义。除此之外,还需对单个回归系数进行检验,即检验:

$$H_{0j}: b_j = 0 \qquad H_{1j}: b_j \neq 0$$

若拒绝 H_{0j},则说明 x_j 对 y 的线性影响显著;反之,说明 x_j 对 y 的影响较小,应从回归

方程中予以剔除,并重新计算回归方程,这实际上是对变量进行筛选。逐步回归分析就是讨论这样的问题。另外,和一元回归分析一样,可根据所得回归方程进行预测。对此,本书不再一一加以介绍。

习题6

(一)

6.1 在钢材碳含量对电阻的效应研究中,得到习题6.1表所示数据。

习题6.1表 碳含量与电阻数据表

碳含量 x(%)	0.10	0.30	0.40	0.55	0.70	0.80	0.95
电阻 y(20 ℃时,$\mu\Omega$)	15	18	19	21	22.6	23.8	26

设对于给定的 x、y 为正态变量,且方差与 x 无关。

(1) 画出 (x_i, y_i) 散点图;

(2) 求线性回归方程 $\hat{y} = \hat{a} + \hat{b}x$;

(3) 检验假设 $H_0: b = 0, H_1: b \neq 0$,已知 $\alpha = 0.05$;

(4) 求 $x = 0.50$,置信度为 0.95 时,y 的预测区间。

6.2 习题6.2表所示数据是退火温度 x(℃)对黄铜延性 y 效应的试验结果,y 是以延长度计算的,且设对于给定 x、y 为正态变量,其方差与 x 无关。

习题6.2表 退火温度 x(℃)对黄铜延性 y 效应的试验数据表

x/℃	300	400	500	600	700	800	
y(%)	40	50	55	60	67	70	

画出散点图并求 y 对于 x 的线性回归方程。

6.3 下面是回归分析的一个应用。如果两个变量 x、y 存在着相关关系,其中 y 的值难以测量,而 x 的值却容易测量,我们可以根据 x 的测量值利用 y 关于 x 的回归方程去估计 y 的值。习题6.3表列出了18个5～8岁儿童的重量(容易测量)和体积(难以测量)。设对于给定的 x、y 是正态变量,其方差与 x 无关。

习题6.3表 儿童的重量(单位:kg)和体积(单位:dm³)

重量	17.1	6.5	13.8	15.7	11.9	6.4
体积 y	16.7	6.4	13.5	15.7	11.6	6.2
重量 x	15.0	16.0	17.8	15.8	15.1	12.1
体积 y	14.5	15.8	17.6	15.2	14.8	11.9
重量 x	18.4	17.1	16.7	16.5	15.1	15.1
体积 y	18.3	16.7	16.6	15.9	15.1	14.5

(1) 画出散点图；

(2) 求 y 关于 x 的线性回归方程 $\hat{y}=\hat{a}+\hat{b}x$；

(3) 求 $x=14.0$ 时，y 的置信度为 0.95 的预测区间。

6.4　考虑过原点的线性回归模型
$$y_i=bx_i+\varepsilon_i,\quad i=1,2,\cdots,n$$
误差项 $\varepsilon_1,\varepsilon_2,\cdots,\varepsilon_n$ 仍假定满足条件式(6.1.2)和式(6.1.3)。

(1) 给出 b 的最小二乘估计 $\hat{b}$；

(2) 给出残差平方和 $S_e^2=\sum_{i=1}^{n}e_i^2$ 的表达式，并证明 $\dfrac{S_e^2}{n-1}$ 是 σ^2 的无偏估计。

6.5　槲寄生是一种寄生在大树上部树枝上的寄生植物。它喜欢寄生在年轻的大树上，习题 6.5 表给出在一定条件下采集的数据。

(1) 作出 (x_i,y_i) 的散点图；

(2) 令 $z_i=\ln y_i$，作出 (x_i,z_i) 的散点图；

(3) 以模型 $y=a\mathrm{e}^{bx}\varepsilon$，$\ln\varepsilon\sim N(0,\sigma^2)$ 拟合数据，其中 a、b、σ^2 与 x 无关，试求曲线回归方程 $\hat{y}=\hat{a}\mathrm{e}^{\hat{b}x}$。

习题 6.5 表　大树的年龄 x(年)与每株大树上槲寄生的株数 y

x	3	4	9	15	40
y	28	10	15	6	1
	33	36	22	14	1
	22	24	10	9	

(二)

6.6　利用 R 解答 6.1 题。

6.7　利用 R 解答 6.2 题。

6.8　利用 R 解答 6.3 题。

6.9　利用 R 解答 6.5 题。

参 考 文 献

[1] 盛骤,等.概率论与数理统计.4 版.北京:高等教育出版社,2008.

[2] 刘喜波.概率论与数理统计.北京:中国商业出版社,2013.

[3] 贾俊平,何晓群,金勇进.统计学.7 版.北京:中国人民大学出版社,2018.

[4] 吴翊,李永乐,胡庆军.应用数理统计.长沙:国防科技大学出版社,1995.

[5] 庄楚强,吴亚森.应用数理统计基础.广州:华南理工大学出版社,1992.

[6] 薛毅,陈立萍.R 统计建模与 R 统计软件.北京:清华大学出版社,2007.

[7] 贾俊平.统计学—基于 R.2 版.北京:中国人民大学出版社,2017.

[8] 汤银才.R 语言与统计分析.北京:高等教育出版社,2008.

附　　录

1. 标准正态分布表

$$\Phi(x) = \int_{-\infty}^{\infty} \frac{1}{\sqrt{2\pi}} e^{-\frac{x^2}{2}} \mathrm{d}x$$

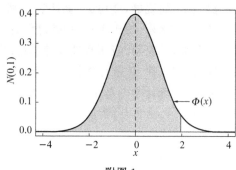

附图 1

附表 1

x	0	0.01	0.02	0.03	0.04	0.05	0.06	0.07	0.08	0.09
0.1	0.500 0	0.504 0	0.508 0	0.512 0	0.516 0	0.519 9	0.523 9	0.527 9	0.531 9	0.535 9
0.2	0.539 8	0.543 8	0.547 8	0.551 7	0.555 7	0.559 6	0.563 6	0.567 5	0.571 4	0.575 3
0.3	0.579 3	0.583 2	0.587 1	0.591 0	0.594 8	0.598 7	0.602 6	0.606 4	0.610 3	0.614 1
0.4	0.617 9	0.621 7	0.625 5	0.629 3	0.633 1	0.636 8	0.640 6	0.644 3	0.648 0	0.651 7
0.5	0.655 4	0.659 1	0.662 8	0.666 4	0.670 0	0.673 6	0.677 2	0.680 8	0.684 4	0.687 9
0.6	0.691 5	0.695 0	0.698 5	0.701 9	0.705 4	0.708 8	0.712 3	0.715 7	0.719 0	0.722 4
0.7	0.725 7	0.729 1	0.732 4	0.735 7	0.738 9	0.742 2	0.745 4	0.748 6	0.751 7	0.754 9
0.8	0.758 0	0.761 1	0.764 2	0.767 3	0.770 4	0.773 4	0.776 4	0.779 4	0.782 3	0.785 2
0.9	0.788 1	0.791 0	0.793 9	0.796 7	0.799 5	0.802 3	0.805 1	0.807 8	0.810 6	0.813 3
1.0	0.815 9	0.818 6	0.821 2	0.823 8	0.826 4	0.828 9	0.831 5	0.834 0	0.836 5	0.838 9
1.1	0.841 3	0.843 8	0.846 1	0.848 5	0.850 8	0.853 1	0.855 4	0.857 7	0.859 9	0.862 1
1.2	0.864 3	0.866 5	0.868 6	0.870 8	0.872 9	0.874 9	0.877 0	0.879 0	0.881 0	0.883 0
1.3	0.884 9	0.886 9	0.888 8	0.890 7	0.892 5	0.894 4	0.896 2	0.898 0	0.899 7	0.901 5
1.4	0.903 2	0.904 9	0.906 6	0.908 2	0.909 9	0.911 5	0.913 1	0.914 7	0.916 2	0.917 7
1.5	0.919 2	0.920 7	0.922 2	0.923 6	0.925 1	0.926 5	0.927 9	0.929 2	0.930 6	0.931 9
1.6	0.933 2	0.934 5	0.935 7	0.937 0	0.938 2	0.939 4	0.940 6	0.941 8	0.942 9	0.944 1
1.7	0.945 2	0.946 3	0.947 4	0.948 4	0.949 5	0.950 5	0.951 5	0.952 5	0.953 5	0.954 5
1.8	0.955 4	0.956 4	0.957 3	0.958 2	0.959 1	0.959 9	0.960 8	0.961 6	0.962 5	0.963 3

x	0	0.01	0.02	0.03	0.04	0.05	0.06	0.07	0.08	0.09
1.9	0.964 1	0.964 9	0.965 6	0.966 4	0.967 1	0.967 8	0.968 6	0.969 3	0.9699	0.970 6
2.0	0.971 3	0.971 9	0.972 6	0.973 2	0.973 8	0.974 4	0.975 0	0.975 6	0.9761	0.976 7
2.1	0.977 2	0.977 8	0.978 3	0.978 8	0.979 3	0.979 8	0.980 3	0.980 8	0.9812	0.981 7
2.2	0.982 1	0.982 6	0.983 0	0.983 4	0.983 8	0.984 2	0.984 6	0.985 0	0.9854	0.985 7
2.3	0.986 1	0.986 4	0.986 8	0.987 1	0.987 5	0.987 8	0.988 1	0.988 4	0.9887	0.989 0
2.4	0.989 3	0.989 6	0.989 8	0.990 1	0.990 4	0.990 6	0.990 9	0.991 1	0.9913	0.991 6
2.5	0.991 8	0.992 0	0.992 2	0.992 5	0.992 7	0.992 9	0.993 1	0.993 2	0.9934	0.993 6
2.6	0.993 8	0.994 0	0.994 1	0.994 3	0.994 5	0.994 6	0.994 8	0.994 9	0.9951	0.995 2
2.7	0.995 3	0.995 5	0.995 6	0.995 7	0.995 9	0.996 0	0.996 1	0.996 2	0.9963	0.996 4
2.8	0.996 5	0.996 6	0.996 7	0.996 8	0.996 9	0.997 0	0.997 1	0.997 2	0.9973	0.997 4
2.9	0.997 4	0.997 5	0.997 6	0.997 7	0.997 7	0.997 8	0.997 9	0.997 9	0.9980	0.998 1
3.0	0.998 1	0.998 2	0.998 2	0.998 3	0.998 4	0.998 4	0.998 5	0.998 5	0.9986	0.998 6

注意:该表给出部分标准正态分布中 $P(Z \leqslant x)$,其中,$Z \sim N(0,1)$。如有表中未给出而计算过程中又需要的,可以按如下操作步骤计算:打开 Excel(10.0 或以上),在空格处输入引号里的格式:"＝NORMSDIST(x)"回车即可得到要计算的概率值。

例如,计算 $P(Z \leqslant 2.5)$,第一步如附图 2 所示。

第二步,回车得到 $P(Z \leqslant 2.5) = 0.993\ 79$,如附图 3 所示。

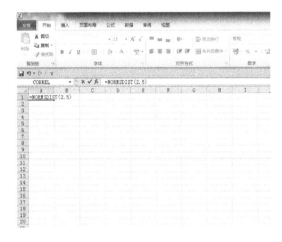

附图 2

附图 3

2. 标准正态分布上分位数表(部分)

$$P(Z>z_\alpha)=\alpha \quad Z\sim N(0,1)$$

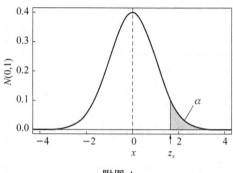

附图 4

附表 2

α	0.001	0.002	0.003	0.004	0.005	0.006	0.007	0.008	0.009
0.00	3.090 2	2.878 2	2.747 8	2.652 1	2.575 8	2.512 1	2.457 3	2.408 9	2.365 6
0.01	2.290 4	2.257 1	2.226 2	2.197 3	2.170 1	2.144 4	2.120 1	2.096 9	2.074 9
0.02	2.033 5	2.014 1	1.995 4	1.977 4	1.960 0	1.943 1	1.926 8	1.911 0	1.895 7
0.03	1.866 3	1.852 2	1.838 4	1.825 0	1.811 9	1.799 1	1.786 6	1.774 4	1.762 4
0.04	1.739 2	1.727 9	1.716 9	1.706 0	1.695 4	1.684 9	1.674 7	1.664 6	1.654 6
0.05	1.635 2	1.625 8	1.616 4	1.607 2	1.598 2	1.589 3	1.580 5	1.571 8	1.563 2
0.06	1.546 4	1.538 2	1.530 1	1.522 0	1.514 1	1.506 3	1.498 5	1.490 9	1.483 3
0.07	1.468 4	1.461 1	1.453 8	1.446 6	1.439 5	1.432 5	1.425 5	1.418 7	1.411 8
0.08	1.398 4	1.391 7	1.385 2	1.378 7	1.372 2	1.365 8	1.359 5	1.353 2	1.346 9
0.09	1.334 6	1.328 5	1.322 5	1.316 5	1.310 6	1.304 7	1.298 8	1.293 0	1.287 3
0.10	1.275 9	1.270 2	1.264 6	1.259 1	1.253 6	1.248 1	1.242 6	1.237 2	1.231 9

注意:该表给出部分标准正态分布中 $P(Z\geqslant x)=\alpha$,其中 $Z\sim N(0,1)$,已知 α,计算分位数 x 的值。如有表中未给出而计算过程中又需要的,可以按如下操作步骤计算:打开 Excel (10.0 或以上),在空格处输入引号里的内容:"=NORMSINV(1−α)"回车即可得到要计算的概率值。

例如,计算 $P(Z\geqslant x)=1-0.993\ 791$,第一步如附图 5 所示。

第二步,回车得到 $x=2.500\ 038$,如附图 6 所示。

附图 5

附图 6

3. t 分布上分位数表

$$P(t(n)>t_\alpha(n))=\alpha$$

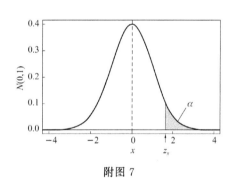

附图 7

附表 3

df\α	0.005	0.01	0.015	0.02	0.025	0.03	0.035	0.04	0.045	0.05
1	127.32	63.657	42.434	31.821	25.452	21.205	18.171	15.895	14.124	12.706
2	14.089	9.924 8	8.072 8	6.964 6	6.205 3	5.642 8	5.203 9	4.848 7	4.553 4	4.302 7
3	7.453 3	5.840 9	5.047 3	4.540 7	4.176 5	3.896 0	3.670 0	3.481 9	3.321 6	3.182 4
4	5.597 6	4.604 1	4.088 0	3.746 9	3.495 4	3.297 6	3.135 5	2.998 5	2.880 3	2.776 4
5	4.773 3	4.032 1	3.633 8	3.364 9	3.163 4	3.002 9	2.869 9	2.756 5	2.657 8	2.570 6
6	4.316 8	3.707 4	3.372 3	3.142 7	2.968 7	2.828 9	2.712 3	2.612 2	2.524 7	2.446 9
7	4.029 3	3.499 5	3.203 2	2.998 0	2.841 2	2.714 6	2.608 3	2.516 8	2.436 3	2.364 6
8	3.832 5	3.355 4	3.085 1	2.896 5	2.751 5	2.633 8	2.534 7	2.449 0	2.373 5	2.306 0
9	3.689 7	3.249 8	2.998 2	2.821 4	2.685 0	2.573 8	2.479 9	2.398 4	2.326 6	2.262 2
10	3.581 4	3.169 3	2.931 6	2.763 8	2.633 8	2.527 5	2.437 5	2.359 3	2.290 2	2.228 1
11	3.496 6	3.105 8	2.878 9	2.718 1	2.593 1	2.490 7	2.403 7	2.328 1	2.261 2	2.201 0

续 表

df\α	0.005	0.01	0.015	0.02	0.025	0.03	0.035	0.04	0.045	0.05
12	3.428 4	3.054 5	2.836 3	2.681 0	2.560 0	2.460 7	2.3763	2.302 7	2.237 5	2.178 8
13	3.372 5	3.012 3	2.801 0	2.650 3	2.532 6	2.435 8	2.3535	2.281 6	2.217 8	2.160 4
14	3.325 7	2.976 8	2.771 4	2.624 5	2.509 6	2.414 9	2.3342	2.263 8	2.201 2	2.144 8
15	3.286 0	2.946 7	2.746 2	2.602 5	2.489 9	2.397 0	2.3178	2.248 5	2.187 0	2.131 4
16	3.252 0	2.920 8	2.724 5	2.583 5	2.472 9	2.381 5	2.3036	2.235 4	2.174 7	2.119 9
17	3.222 4	2.898 2	2.705 6	2.566 9	2.458 1	2.368 1	2.2911	2.223 8	2.163 9	2.109 8
18	3.196 6	2.878 4	2.688 9	2.552 4	2.445 0	2.356 2	2.2802	2.213 7	2.154 4	2.100 9
19	3.173 7	2.860 9	2.674 2	2.539 5	2.433 4	2.345 6	2.2705	2.204 7	2.146 0	2.093 0
20	3.153 4	2.845 3	2.661 1	2.528 0	2.423 1	2.336 2	2.2619	2.196 7	2.138 5	2.086 0
21	3.135 2	2.831 4	2.649 3	2.517 6	2.413 8	2.327 8	2.2541	2.189 4	2.131 8	2.079 6
22	3.118 8	2.818 8	2.638 7	2.508 3	2.405 5	2.320 2	2.2470	2.182 9	2.125 6	2.073 9
23	3.104 0	2.807 3	2.629 0	2.499 9	2.397 9	2.313 2	2.2406	2.177 0	2.120 1	2.068 7
24	3.090 5	2.796 9	2.620 3	2.492 2	2.390 9	2.306 9	2.2348	2.171 5	2.115 0	2.063 9
25	3.078 2	2.787 4	2.612 2	2.485 1	2.384 6	2.301 1	2.2295	2.166 6	2.110 4	2.059 5
26	3.066 9	2.778 7	2.604 9	2.478 6	2.378 8	2.295 8	2.2246	2.162 0	2.106 1	2.055 5
27	3.056 5	2.770 7	2.598 1	2.472 7	2.373 4	2.290 9	2.2201	2.157 8	2.102 2	2.051 8
28	3.046 9	2.763 3	2.591 8	2.467 1	2.368 5	2.286 4	2.2159	2.153 9	2.098 6	2.048 4
29	3.038 0	2.756 4	2.586 0	2.462 0	2.363 8	2.282 2	2.2120	2.150 3	2.095 2	2.045 2
30	3.029 8	2.750 0	2.580 6	2.457 3	2.359 6	2.278 3	2.2084	2.147 0	2.092 0	2.042 3

注意:该表给出部分 t 分布中 $P(T \geqslant x) = \alpha$,其中 $T \sim t(n)$,已知 α,计算分位数 x 的值。如有表中未给出而计算过程中又需要的,可以按如下操作步骤计算:打开 Excel(10.0 或以上),在空格处输入引号里的内容:"=TINV(p,n)",p 是概率,n 是自由度,回车即可得到要计算的概率值。

例如,计算 $p(T \geqslant x) = 0.05$,df=8,第一步如附图 8 所示。

第二步,回车得到 $x = 2.306\ 04$,如附图 9 所示。

附图 8

附图 9

4. 卡方分布上分位数表(部分)

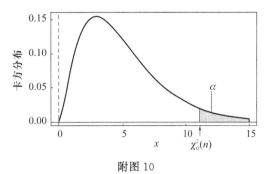

$$P(\chi^2(n) > \chi_\alpha^2(n)) = \alpha$$

附图 10

附表 4

n\α	0.995	0.99	0.975	0.95	0.90	0.10	0.05	0.025	0.01	0.005
1	0.000	0.000	0.001	0.004	0.016	2.706	3.841	5.024	6.635	7.879
2	0.010	0.020	0.051	0.103	0.211	4.605	5.991	7.378	9.210	10.597
3	0.072	0.115	0.216	0.352	0.584	6.251	7.815	9.348	11.345	12.838
4	0.207	0.297	0.484	0.711	1.064	7.779	9.488	11.143	13.277	14.860
5	0.412	0.554	0.831	1.145	1.610	9.236	11.070	12.833	15.086	16.750
6	0.676	0.872	1.237	1.635	2.204	10.645	12.592	14.449	16.812	18.548
7	0.989	1.239	1.690	2.167	2.833	12.017	14.067	16.013	18.475	20.278
8	1.344	1.646	2.180	2.733	3.490	13.362	15.507	17.535	20.090	21.955
9	1.735	2.088	2.700	3.325	4.168	14.684	16.919	19.023	21.666	23.589
10	2.156	2.558	3.247	3.940	4.865	15.987	18.307	20.483	23.209	25.188
11	2.603	3.053	3.816	4.575	5.578	17.275	19.675	21.920	24.725	26.757
12	3.074	3.571	4.404	5.226	6.304	18.549	21.026	23.337	26.217	28.300
13	3.565	4.107	5.009	5.892	7.042	19.812	22.362	24.736	27.688	29.819
14	4.075	4.660	5.629	6.571	7.790	21.064	23.685	26.119	29.141	31.319
15	4.601	5.229	6.262	7.261	8.547	22.307	24.996	27.488	30.578	32.801
16	5.142	5.812	6.908	7.962	9.312	23.542	26.296	28.845	32.000	34.267
17	5.697	6.408	7.564	8.672	10.085	24.769	27.587	30.191	33.409	35.718
18	6.265	7.015	8.231	9.390	10.865	25.989	28.869	31.526	34.805	37.156
19	6.844	7.633	8.907	10.117	11.651	27.204	30.144	32.852	36.191	38.582
20	7.434	8.260	9.591	10.851	12.443	28.412	31.410	34.170	37.566	39.997
21	8.034	8.897	10.283	11.591	13.240	29.615	32.671	35.479	38.932	41.401
22	8.643	9.542	10.982	12.338	14.041	30.813	33.924	36.781	40.289	42.796
23	9.260	10.196	11.689	13.091	14.848	32.007	35.172	38.076	41.638	44.181
24	9.886	10.856	12.401	13.848	15.659	33.196	36.415	39.364	42.980	45.559
25	10.520	11.524	13.120	14.611	16.473	34.382	37.652	40.646	44.314	46.928
26	11.160	12.198	13.844	15.379	17.292	35.563	38.885	41.923	45.642	48.290

续 表

n\α	0.995	0.99	0.975	0.95	0.90	0.10	0.05	0.025	0.01	0.005
27	11.808	12.879	14.573	16.151	18.114	36.741	40.113	43.195	46.963	49.645
28	12.461	13.565	15.308	16.928	18.939	37.916	41.337	44.461	48.278	50.993
29	13.121	14.256	16.047	17.708	19.768	39.087	42.557	45.722	49.588	52.336
30	13.787	14.953	16.791	18.493	20.599	40.256	43.773	46.979	50.892	53.672

注意:该表给出部分 $\chi^2(n)$ 分布中 $P(\chi^2 \geqslant x) = \alpha$,其中 $\chi^2 \sim \chi^2(n)$,已知 α,计算分位数 x 的值。如有表中未给出而计算过程中又需要的,可以按如下操作步骤计算:打开 Excel(10.0 或以上),在空格处输入引号里的内容:"$=$CHIINV(α, n)",α 是概率,n 是自由度,回车即可得到要计算的概率值。

例如,计算 $P(\chi^2 \geqslant x) = 0.05$,df$=8$,第一步如附图 11 所示。

第二步,回车得到 $x = 15.507\,31$,如附图 12 所示。

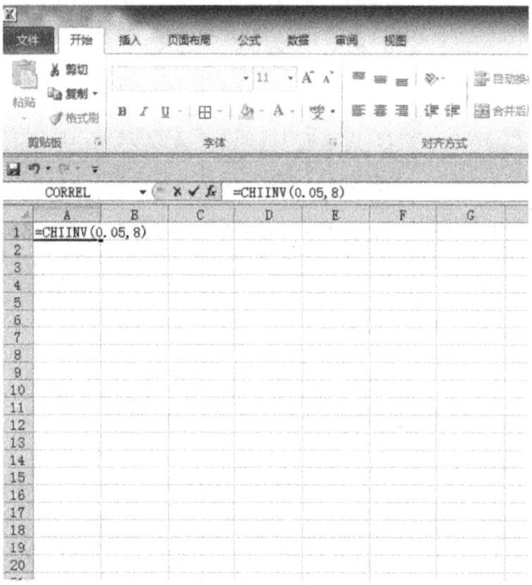

附图 11

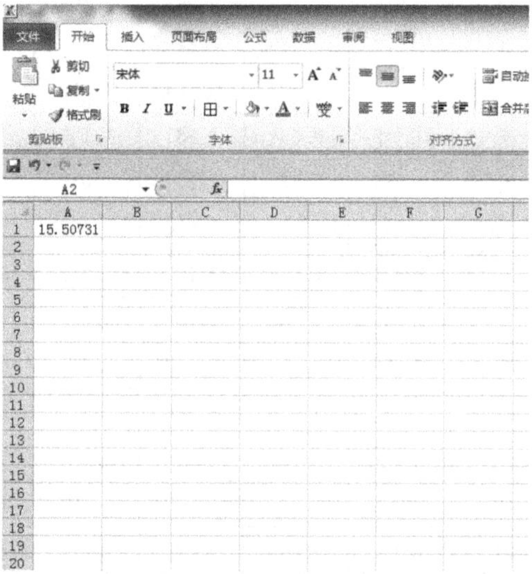

附图 12

5. α=0.005 的 F 上分位数表(部分)

$$P(F > F_\alpha(n_1, n_2)) = \alpha$$

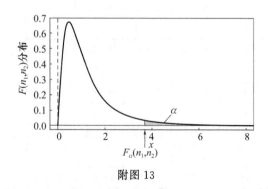

附图 13

附表 5

$n_2\backslash n_1$	1	2	3	4	5
1	16 210.72	19 999.50	21 614.74	22 499.58	23 055.80
2	198.50	199.00	199.17	199.25	199.30
3	55.55	49.80	47.47	46.19	45.39
4	31.33	26.28	24.26	23.15	22.46
5	22.78	18.31	16.53	15.56	14.94
6	18.63	14.54	12.92	12.03	11.46
7	16.24	12.40	10.88	10.05	9.52
8	14.69	11.04	9.60	8.81	8.30
9	13.61	10.11	8.72	7.96	7.47
10	12.83	9.43	8.08	7.34	6.87
11	12.23	8.91	7.60	6.88	6.42
12	11.75	8.51	7.23	6.52	6.07
13	11.37	8.19	6.93	6.23	5.79
14	11.06	7.92	6.68	6.00	5.56
15	10.80	7.70	6.48	5.80	5.37
16	10.58	7.51	6.30	5.64	5.21
17	10.38	7.35	6.16	5.50	5.07
18	10.22	7.21	6.03	5.37	4.96
19	10.07	7.09	5.92	5.27	4.85
20	9.94	6.99	5.82	5.17	4.76
21	9.83	6.89	5.73	5.09	4.68
22	9.73	6.81	5.65	5.02	4.61
23	9.63	6.73	5.58	4.95	4.54
24	9.55	6.66	5.52	4.89	4.49
25	9.48	6.60	5.46	4.84	4.43
26	9.41	6.54	5.41	4.79	4.38
27	9.34	6.49	5.36	4.74	4.34
28	9.28	6.44	5.32	4.70	4.30
29	9.23	6.40	5.28	4.66	4.26
30	9.18	6.35	5.24	4.62	4.23

注意：该表给出部分 $F(n_1,n_2)$ 分布中 $P(F\geqslant x)=\alpha$，其中，$F\sim(n_1,n_2)$，已知 α，计算分位数 x 的值。如有表中未给出而计算过程中又需要的，可以按如下操作步骤计算：打开 Excel（10.0 或以上），在空格处输入引号里的内容："=FINV(α,n$_1$,n$_2$)"，α 是概率，n 是自由度，回车即可得到要计算的概率值。其他 F 分布表可以参考该表的操作。

例如，计算 $P(F\geqslant x)=0.005$，$n_1=5$，$n_2=8$，第一步如附图 14 所示。

第二步，回车得到 $x=8.301\,779$，如附图 15 所示。

附图 14   附图 15

6. $\alpha = 0.025$ 的 F 上分位数表(部分)

附表 6

$n_2 \backslash n_1$	1	2	3	4	5
1	647.789 0	799.500 0	864.163 0	899.583 3	921.847 9
2	38.506 3	39.000 0	39.165 5	39.248 4	39.298 2
3	17.443 4	16.044 1	15.439 2	15.101 0	14.884 8
4	12.217 9	10.649 1	9.979 2	9.604 5	9.364 5
5	10.007 0	8.433 6	7.763 6	7.387 9	7.146 4
6	8.813 1	7.259 9	6.598 8	6.227 2	5.987 6
7	8.072 7	6.541 5	5.889 8	5.522 6	5.285 2
8	7.570 9	6.059 5	5.416 0	5.052 6	4.817 3
9	7.209 3	5.714 7	5.078 1	4.718 1	4.484 4
10	6.936 7	5.456 4	4.825 6	4.468 3	4.236 1
11	6.724 1	5.255 9	4.630 0	4.275 1	4.044 0
12	6.553 8	5.095 9	4.474 2	4.121 2	3.891 1
13	6.414 3	4.965 3	4.347 2	3.995 9	3.766 7
14	6.297 9	4.856 7	4.241 7	3.891 9	3.663 4
15	6.199 5	4.765 0	4.152 8	3.804 3	3.576 4
16	6.115 1	4.686 7	4.076 8	3.729 4	3.502 1
17	6.042 0	4.618 9	4.011 2	3.664 8	3.437 9
18	5.978 1	4.559 7	3.953 9	3.608 3	3.382 0
19	5.921 6	4.507 5	3.903 4	3.558 7	3.332 7

$n_2 \backslash n_1$	1	2	3	4	5
20	5.871 5	4.461 3	3.858 7	3.514 7	3.289 1
21	5.826 6	4.419 9	3.818 8	3.475 4	3.250 1
22	5.786 3	4.382 8	3.782 9	3.440 1	3.215 1
23	5.749 8	4.349 2	3.750 5	3.408 3	3.183 5
24	5.716 6	4.318 7	3.721 1	3.379 4	3.154 8
25	5.686 4	4.290 9	3.694 3	3.353 0	3.128 7
26	5.658 6	4.265 5	3.669 7	3.328 9	3.104 8
27	5.633 1	4.242 1	3.647 2	3.306 7	3.082 8
28	5.609 6	4.220 5	3.626 4	3.286 3	3.062 6
29	5.587 8	4.200 6	3.607 2	3.267 4	3.043 8
30	5.567 5	4.182 1	3.589 4	3.249 9	3.026 5

注：图示、其他说明见附表5注释。

7. $\alpha = 0.05$ 的 F 上分位数表（部分）

附表7

$n_2 \backslash n_1$	1	2	3	4	5
1	161.447 6	199.500 0	215.707 3	224.583 2	230.161 9
2	18.512 8	19.000 0	19.164 3	19.246 8	19.296 4
3	10.128 0	9.552 1	9.276 6	9.117 2	9.013 5
4	7.708 6	6.944 3	6.591 4	6.388 2	6.256 1
5	6.607 9	5.786 1	5.409 5	5.192 2	5.050 3
6	5.987 4	5.143 3	4.757 1	4.533 7	4.387 4
7	5.591 4	4.737 4	4.346 8	4.120 3	3.971 5
8	5.317 7	4.459 0	4.066 2	3.837 9	3.687 5
9	5.117 4	4.256 5	3.862 5	3.633 1	3.481 7
10	4.964 6	4.102 8	3.708 3	3.478 0	3.325 8
11	4.844 3	3.982 3	3.587 4	3.356 7	3.203 9
12	4.747 2	3.885 3	3.490 3	3.259 2	3.105 9
13	4.667 2	3.805 6	3.410 5	3.179 1	3.025 4
14	4.600 1	3.738 9	3.343 9	3.112 2	2.958 2
15	4.543 1	3.682 3	3.287 4	3.055 6	2.901 3
16	4.494 0	3.633 7	3.238 9	3.006 9	2.852 4
17	4.451 3	3.591 5	3.196 8	2.964 7	2.810 0
18	4.413 9	3.554 6	3.159 9	2.927 7	2.772 9
19	4.380 7	3.521 9	3.127 4	2.895 1	2.740 1
20	4.351 2	3.492 8	3.098 4	2.866 1	2.710 9

$n_2 \backslash n_1$	1	2	3	4	5
21	4.324 8	3.466 8	3.072 5	2.840 1	2.684 8
22	4.300 9	3.443 4	3.049 1	2.816 7	2.661 3
23	4.279 3	3.422 1	3.028 0	2.795 5	2.640 0
24	4.259 7	3.402 8	3.008 8	2.776 3	2.620 7
25	4.241 7	3.385 2	2.991 2	2.758 7	2.603 0
26	4.225 2	3.369 0	2.975 2	2.742 6	2.586 8
27	4.210 0	3.354 1	2.960 4	2.727 8	2.571 9
28	4.196 0	3.340 4	2.946 7	2.714 1	2.558 1
29	4.183 0	3.327 7	2.934 0	2.701 4	2.545 4
30	4.170 9	3.315 8	2.922 3	2.689 6	2.533 6

注:图示、其他说明见附表 5 注释。

8. $\alpha=0.1$ 的 F 上分位数表(部分)

附表 8

$n_2 \backslash n_1$	1	2	3	4	5
1	39.863 5	49.500 0	53.593 2	55.833 0	57.240 1
2	8.526 3	9.000 0	9.161 8	9.243 4	9.292 6
3	5.538 3	5.462 4	5.390 8	5.342 6	5.309 2
4	4.544 8	4.324 6	4.190 9	4.107 2	4.050 6
5	4.060 4	3.779 7	3.619 5	3.520 2	3.453 0
6	3.775 9	3.463 3	3.288 8	3.180 8	3.107 5
7	3.589 4	3.257 4	3.074 1	2.960 5	2.883 3
8	3.457 9	3.113 1	2.923 8	2.806 4	2.726 4
9	3.360 3	3.006 5	2.812 9	2.692 7	2.610 6
10	3.285 0	2.924 5	2.727 7	2.605 3	2.521 6
11	3.225 2	2.859 5	2.660 2	2.536 2	2.451 2
12	3.176 5	2.806 8	2.605 5	2.480 1	2.394 0
13	3.136 2	2.763 2	2.560 3	2.433 7	2.346 7
14	3.102 2	2.726 5	2.522 2	2.394 7	2.306 9
15	3.073 2	2.695 2	2.489 8	2.361 4	2.273 0
16	3.048 1	2.668 2	2.461 8	2.332 7	2.243 8
17	3.026 2	2.644 6	2.437 4	2.307 7	2.218 3
18	3.007 0	2.623 9	2.416 0	2.285 8	2.195 8
19	2.989 9	2.605 6	2.397 0	2.266 3	2.176 0
20	2.974 7	2.589 3	2.380 1	2.248 9	2.158 2
21	2.961 0	2.574 6	2.364 9	2.233 3	2.142 3

$n_2 \backslash n_1$	1	2	3	4	5
22	2.948 6	2.561 3	2.351 2	2.219 3	2.127 9
23	2.937 4	2.549 3	2.338 7	2.206 5	2.114 9
24	2.927 1	2.538 3	2.327 4	2.194 9	2.103 0
25	2.917 7	2.528 3	2.317 0	2.184 2	2.092 2
26	2.909 1	2.519 1	2.307 5	2.174 5	2.082 2
27	2.901 2	2.510 6	2.298 7	2.165 5	2.073 0
28	2.893 8	2.502 8	2.290 6	2.157 1	2.064 5
29	2.887 0	2.495 5	2.283 1	2.149 4	2.056 6
30	2.880 7	2.488 7	2.276 1	2.142 2	2.049 2

注:图示、其他说明见附表5注释。

关于四种常用分布的 R 上分位数计算进行说明。

以 $\alpha=0.025$ 为例的 R 上分位数计算非常简单,举例说明如下:

＞ qnorm(1－0.025) ♯标准正态分布的上 分位数计算结果

[1] 1.959964

＞ qt(1－0.025,8) ♯自由度为 8 的 t 分布的上 分位数计算结果

[1] 2.306004

＞ qchisq(1－0.025,8) ♯自由度为 8 的 分布的上 分位数计算结果

[1] 17.53455

＞ qf(1－0.025,3,8) ♯第一自由为 3,第二自由度为 8 F 分布的上 分位数计算结果

[1] 5.415962

各章习题参考答案

习题1 参考答案

1.1

#(1)

xx<－read.table("clipboard",header＝TRUE)#将存放在习题 1.1excel 中数据的后四列复制到剪贴板上,并保持 header＝TRUE,列名为真,用 R 读取 excel 中的后四列数据

年龄<－c("出生","1 月","2 月","3 月","4 月","5 月","6 月","8 月","10 月","12月","18 月","25 月","3 岁")

XX<－data.frame(年龄,xx)

XX

	年龄	身长	体重	头围	胸围
1	出生	50.0	3.17	33.7	32.6
2	1 月	55.5	4.64	37.3	36.9
3	2 月	58.4	5.49	38.7	38.9
4	3 月	60.9	6.23	40.0	40.3
5	4 月	62.9	6.69	41.0	41.1
6	5 月	64.5	7.19	41.9	41.9
7	6 月	66.7	7.62	42.8	42.7
8	8 月	69.1	8.14	43.7	43.4
9	10 月	71.4	8.57	44.5	44.2
10	12 月	74.1	9.04	45.2	45.0
11	18 月	79.4	10.08	46.2	46.6
12	25 月	89.3	12.28	47.7	49.0
13	3 岁	92.8	13.10	48.1	49.8

save(XX,file＝"D:/R/myRdata/XX.RData")#将 XX 文件保存在指定文件夹内

#(2)

xx<－as.matrix(xx)

dimnames(xx)<－list(c("出生","1 月","2 月","3 月","4 月","5 月","6 月", "8月","10 月","12 月","18 月","25 月","3 岁"),c("身长","体重","头围","胸围"))

xx

	身长	体重	头围	胸围
出生	50.0	3.17	33.7	32.6
1 月	55.5	4.64	37.3	36.9
2 月	58.4	5.49	38.7	38.9
3 月	60.9	6.23	40.0	40.3
4 月	62.9	6.69	41.0	41.1
5 月	64.5	7.19	41.9	41.9
6 月	66.7	7.62	42.8	42.7
8 月	69.1	8.14	43.7	43.4
10 月	71.4	8.57	44.5	44.2
12 月	74.1	9.04	45.2	45.0
18 月	79.4	10.08	46.2	46.6
25 月	89.3	12.28	47.7	49.0
3 岁	92.8	13.10	48.1	49.8

1.2

♯(1)

xx <- read.table("clipboard",header = TRUE) ♯将习题 1.2excel 数据复制到剪贴板,并用 read.table() 读取后,存放在 xx 文件中

xx[order(xx $ 地区生产总值,decreasing = FALSE),] ♯将数据按地区生产总值升序进行排列

	地区	地区生产总值
26	西藏自治区	1310.92
29	青海省	2624.83
30	宁夏回族自治区	3443.56
21	海南省	4462.54
28	甘肃省	7459.90
31	新疆维吾尔自治区	10881.96
24	贵州省	13540.83
7	吉林省	14944.53
4	山西省	15528.42
8	黑龙江省	15902.68
5	内蒙古自治区	16096.21
25	云南省	16376.34
20	广西壮族自治区	18523.26
2	天津市	18549.19

22	重庆市	19424.73
14	江西省	20006.31
27	陕西省	21898.81
6	辽宁省	23409.24
12	安徽省	27018.00
1	北京市	28014.94
9	上海市	30632.99
13	福建省	32182.09
18	湖南省	33902.96
3	河北省	34016.32
17	湖北省	35478.09
23	四川省	36980.22
16	河南省	44552.83
11	浙江省	51768.26
15	山东省	72634.15
10	江苏省	85869.76
19	广东省	89705.23

xx[order(xx $ 地区生产总值,decreasing = TRUE),] # 将数据按地区生产总值降序进行排列

	地区	地区生产总值
19	广东省	89705.23
10	江苏省	85869.76
15	山东省	72634.15
11	浙江省	51768.26
16	河南省	44552.83
23	四川省	36980.22
17	湖北省	35478.09
3	河北省	34016.32
18	湖南省	33902.96
13	福建省	32182.09
9	上海市	30632.99
1	北京市	28014.94
12	安徽省	27018.00
6	辽宁省	23409.24
27	陕西省	21898.81

14	江西省	20006.31
22	重庆市	19424.73
2	天津市	18549.19
20	广西壮族自治区	18523.26
25	云南省	16376.34
5	内蒙古自治区	16096.21
8	黑龙江省	15902.68
4	山西省	15528.42
7	吉林省	14944.53
24	贵州省	13540.83
31	新疆维吾尔自治区	10881.96
28	甘肃省	7459.90
21	海南省	4462.54
30	宁夏回族自治区	3443.56
29	青海省	2624.83
26	西藏自治区	1310.92

```
#(2)
names(xx)<-list(地区 = "地区",地区生产总值 = "GDP")
xx
```

	地区	GDP
1	北京市	28014.94
2	天津市	18549.19
3	河北省	34016.32
4	山西省	15528.42
5	内蒙古自治区	16096.21
6	辽宁省	23409.24
7	吉林省	14944.53
8	黑龙江省	15902.68
9	上海市	30632.99
10	江苏省	85869.76
11	浙江省	51768.26
12	安徽省	27018.00
13	福建省	32182.09
14	江西省	20006.31

15	山东省	72634.15
16	河南省	44552.83
17	湖北省	35478.09
18	湖南省	33902.96
19	广东省	89705.23
20	广西壮族自治区	18523.26
21	海南省	4462.54
22	重庆市	19424.73
23	四川省	36980.22
24	贵州省	13540.83
25	云南省	16376.34
26	西藏自治区	1310.92
27	陕西省	21898.81
28	甘肃省	7459.90
29	青海省	2624.83
30	宁夏回族自治区	3443.56
31	新疆维吾尔自治区	10881.96

#(3)

sample(xx$地区,4,replace = TRUE) #重复抽取4个地区作为样本

[1]广西壮族自治区 四川省 重庆市

[4]江西省

31 Levels:安徽省 北京市 福建省 甘肃省 … 重庆市

sample(xx$地区,4,replace = FALSE) #无重复抽取4个地区作为样本

[1]浙江省 海南省 甘肃省 上海市

31 Levels:安徽省 北京市 福建省 甘肃省 … 重庆市

#(4)

xx$地区[xx$GDP<25000]#地区生产总值小于2.5万亿的地区

　[1] 天津市　　　　　山西省　　　　　内蒙古自治区

　[4] 辽宁省　　　　　吉林省　　　　　黑龙江省

　[7] 江西省　　　　　广西壮族自治区　海南省

[10] 重庆市　　　　　贵州省　　　　　云南省

[13] 西藏自治区　　　陕西省　　　　　甘肃省

[16] 青海省　　　　　宁夏回族自治区　新疆维吾尔自治区

31 Levels:安徽省 北京市 福建省 甘肃省 … 重庆市

xx$地区[xx$GDP>50000]#地区生产总值大于5万亿的地区

[1]江苏省 浙江省 山东省 广东省
31 Levels:安徽省 北京市 福建省 甘肃省 … 重庆市

1.3
x<－rt(30,10) ♯生成 30 个自由度为 10 的 t 分布随机数
M<－round(x,4) ♯保留小数点后四位有效数字
M<－matrix(M,nrow＝6,ncol＝5) ♯排列成 6×5 的矩阵
M

	[,1]	[,2]	[,3]	[,4]	[,5]
[1,]	0.9389	－0.5693	－1.8553	－0.1505	0.2099
[2,]	－0.1119	－0.1717	－1.0254	1.5409	－0.3047
[3,]	0.9538	1.9609	－0.4222	0.7666	0.6199
[4,]	1.5342	－0.4768	－2.3719	0.0835	－0.4484
[5,]	0.4372	1.4601	－0.8562	0.5482	－0.0766
[6,]	－0.3206	－1.4723	0.1426	1.0616	2.1513

M1<－matrix(M,nrow＝5,ncol＝6) ♯排列成 5×6 的矩阵
M1

	[,1]	[,2]	[,3]	[,4]	[,5]	[,6]
[1,]	0.9389	－0.3206	1.4601	－2.3719	0.7666	－0.3047
[2,]	－0.1119	－0.5693	－1.4723	－0.8562	0.0835	0.6199
[3,]	0.9538	－0.1717	－1.8553	0.1426	0.5482	－0.4484
[4,]	1.5342	1.9609	－1.0254	－0.1505	1.0616	－0.0766
[5,]	0.4372	－0.4768	－0.4222	1.5409	0.2099	2.1513

习题 2　参考答案

2.1　(1)0;(2)0.01

2.2　(1) $f(x_1,x_2,x_3)＝\prod_{i=1}^{3}\dfrac{1}{\sqrt{2\pi}\sigma}e^{-\frac{(x_i-\mu)^2}{2\sigma^2}}$;

(2)$X_1＋X_2＋X_3,X_2＋2\mu,\min(X_1,X_2,X_3),X_3,\dfrac{\overline{X}-\mu}{\frac{S}{\sqrt{n}}}$,是统计量,其余含未知参数的

不是统计量。

2.3　$E(F_n^*(x))＝p,D(F_n^*(x))＝\dfrac{p(1-p)}{n}$,其中 $p＝P(X\leqslant x)$

2.4　0.74

2.5　证明略

2.6　(1) 0.950 268 3;(2) 0.975 027 3

2.7　0.989 980 8

2.8　(1)θ;(2)证明略

2.9

```
x <- rnorm(50, -1)
x
```

```
 [1] -1.61670748  -0.58270783  -0.51010401  -2.25499949
     -2.91827006  -0.46965107  -2.18200907  -2.10666007
 [9] -2.38785417  -1.25163157  -2.26630894  -0.42386552
     -0.79146235  -1.02407287  -1.41076123  -1.00464825
[17] -0.07587965   0.10746745  -2.77811715  -1.91939653
     -0.95701845  -0.37616671  -0.63730385   0.69238227
[25] -0.10046747   0.19062331  -0.60247536  -1.02773065
     -2.72559962   0.50888258  -1.21777087  -0.32732936
[33] -0.22348727  -2.07314987  -1.29555129  -1.85211750
     -0.69987722  -2.62615568  -0.37352365  -0.89485217
[41] -1.54607156  -0.62371532  -0.84916172  -1.87719108
     -2.35751206  -2.72533004  -0.26226190   0.67061585
[49] -0.66450092  -2.31884509
```

若只保留小数点后 4 位,可以利用 round()函数实现。

```
round(x, 4)
```

```
 [1] -1.6167  -0.5827  -0.5101  -2.2550  -2.9183  -0.4697  -2.1820
     -2.1067  -2.3879  -1.2516  -2.2663  -0.4239  -0.7915
[14] -1.0241  -1.4108  -1.0046  -0.0759   0.1075  -2.7781  -1.9194
     -0.9570  -0.3762  -0.6373   0.6924  -0.1005   0.1906
[27] -0.6025  -1.0277  -2.7256   0.5089  -1.2178  -0.3273  -0.2235
     -2.0731  -1.2956  -1.8521  -0.6999  -2.6262  -0.3735
[40] -0.8949  -1.5461  -0.6237  -0.8492  -1.8772  -2.3575  -2.7253
     -0.2623   0.6706  -0.6645  -2.3188
```

2.10

```
rt(30, 5)
```

```
 [1]  0.40964718  -0.67813467   0.33413217  -0.81759038
     -0.56803792  -0.56232366   3.15606678   0.35679435
 [9]  0.94707627   0.93867555   1.25205973   0.90247402
      0.27635776  -0.41857072   1.29691728   0.76533727
[17] -0.07769199  -2.55701056   0.53782967  -0.82983431
      1.80311784  -0.30669124  -0.66071914  -0.48108365
[25]  0.68122707   0.11993836   0.82668860  -1.91462957
      0.51782104   0.76280721
```

2.11

```
curve(dnorm(x),xlim = c( - 3,3),ylim = c(0,0.4))
curve(dt(x,3),lty = 2,col = "blue")
curve(dnorm(x),xlim = c( - 3,3),ylim = c(0,0.4))
curve(dt(x,3),lty = 2,col = "blue",add = TRUE)
curve(dt(x,8),lty = 2,col = "RED",add = TRUE)
curve(dt(x,20),lty = 3,col = "lightblue",add = TRUE,lwd = 1.5)
abline(h = 0,v = 0)
```

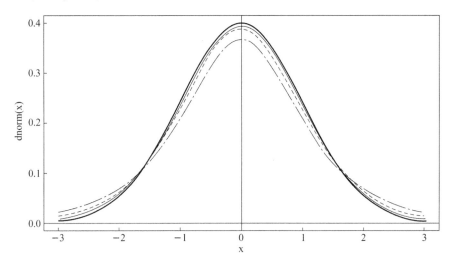

习题 2.11 参考答案图

2.12

```
x < - rchisq(5000,8)
hist(x,freq = FALSE)
lines(density(x),lty = 2,col = "blue",lwd = 1.5)
```

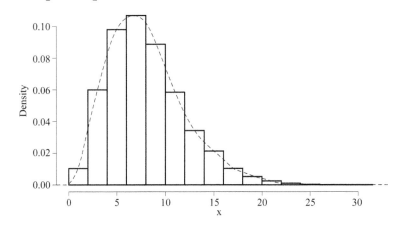

习题 2.12 参考答案图

2.13

```
curve(df(x,8,3),col = "blue",xlim = c(0,5),ylim = c(0,0.8))
curve(df(x,3,8),col = "red",xlim = c(0,5),add = TRUE,lty = 2,lwd = 2)
abline(h = 0)
legend(x = "topright", legend = c("f(8,3)","f(3,8)"), lty = 1:2, col =
c("blue","red"))
```

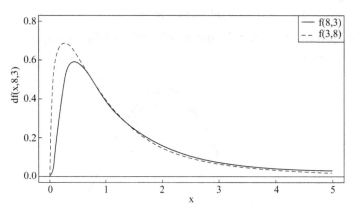

习题 2.13 参考答案图

习题 3　参考答案

3.1　$\dfrac{1}{\overline{X}}$

3.2　矩法求 p 的估计量为 $\dfrac{1}{\overline{X}}$，p 的最大似然估计为 $\dfrac{1}{\overline{X}}$。

3.3　$\hat{a} = \overline{X} - \sqrt{3}\sqrt{\dfrac{1}{n}\sum_{i=1}^{n}(X_i - \overline{X})^2}, \hat{b} = \overline{X} + \sqrt{3}\sqrt{\dfrac{1}{n}\sum_{i=1}^{n}(X_i - \overline{X})^2}$，其中 $X_i, i=1,$
$2,\cdots,n$ 是样本。

3.4　(1) $\dfrac{n}{\sum\limits_{i=1}^{n}\ln(x_i)}$;　(2) $\dfrac{\overline{X}}{1-\overline{X}}$

3.5　(1) $\dfrac{\sum\limits_{i=1}^{n}|x_i|}{n}$;　(2) 是 σ 的无偏估计

3.6　$\dfrac{k}{\overline{x}}$

3.7　$\hat{\mu} = \dfrac{1}{2}\max(x_i) = 1.1, \hat{\sigma}^2 = \dfrac{\hat{\beta}_{\max}^2}{12} = \dfrac{2.2^2}{12} = 0.4033$

3.8　$\hat{\theta}_{\max} = \max(x_i)$

3.9　0.054 043 39

3.10　(992.16, 1 007.84)

3.11　(1)方差已知总体均值置信水平 90％的区间估计为(2.121,2.129)。

(2)方差未知总体均值置信水平 90％的区间估计为(2.117,2.133)。

3.12　总体均值置信水平 95％的区间估计为(6 562.621,6 877.379)。

3.13　p 的 95％的置信区间为:(0.147 186 1,0.378 596 4)。

3.14　$n \geqslant \left[\dfrac{4\sigma^2 u_{1-\frac{\alpha}{2}}^2}{L^2} \right] + 1$,[]代表整数部分。

3.15　(1) (3.150 166,11.615 83)

(2) (4.868 063,8.393 064)

3.16　μ 和 σ 的置信度为 95％的置信区间分别为:(5.106 914,5.313 086)、(0.167 507 9,0. 321 709 9)。

3.17　平均亩产量之差置信度为 95％的置信区间:(−6.423 596,17.423 596)。

3.18　置信度为 95％男、女高度平均数之差的置信区间:(0.029 9,0.05 0)。

3.19　两个总体方差之比 $\dfrac{\sigma_1^2}{\sigma_2^2}$ 的置信区间(给定置信度为 95％):(0.142 461 1,4.637 275)。

3.20　这批货物次品率的单侧置信上限(置信度为 95％)为:11.498 53％。

3.21　这批电子管寿命标准差 σ 的单侧置信上限(置信度为 95％)为:74.034。

3.22

```
x<-c(5,15,25,35,45,55,65)
w<-c(365,245,150,100,70,4,25)
xbar <- sum(x * w)/sum(w)
lamda <-1/xbar
lamda
[1] 0.05404339
```

3.23

```
#(1)sigma = 0.01 方差已知
x<-c(2.14,　2.10,　2.13,　2.15,　2.13,　2.12,　2.13,　2.10,　2.15,2.12,
2.14,　2.10,　2.13,　2.11,　2.14,　2.11)
  z.test(x,sigma.x = 0.01,conf.level = 0.90)
```

One-sample z-Test

data：x

z = 850, p-value ＜ 2.2e-16

alternative hypothesis：true mean is not equal to 0

90 percent confidence interval：

2.120888 2.129112

sample estimates：

mean of x

    2.125

方差已知总体均值置信水平 90％的区间估计为(2.120 88 8,2.129 112)。

＃(2)方差未知

t.test(x,conf.level = 0.90)

       One Sample t-test

data：x

t = 496.29, df = 15, p-value < 2.2e-16

alternative hypothesis：true mean is not equal to 0

90 percent confidence interval：

2.117494 2.132506

sample estimates：

mean of x

    2.125

方差未知总体均值置信水平 90％的区间估计为(2.117 494,2.132 506)。

3.24

binom.test(15,60,conf.level = 0.95)

      Exact binomial test

data：15 and 60

number of successes = 15, number of trials = 60, p-value = 0.0001345

alternative hypothesis：true probability of success is not equal to 0.5

95 percent confidence interval：

0.1471861 0.3785964

sample estimates：

probability of success

         0.25

95％的置信区间为：(0.147 186 1,0.378 596 4)。

3.25

＃(1)

x<-c(4.98, 5.11, 5.20, 5.20, 5.11, 5.00, 5.61, 4.88, 5.27, 5.38, 5.46, 5.27, 5.23, 4.96, 5.35, 5.15, 5.35, 4.77, 5.38, 5.54)

t.test(x,conf.level = 0.95)

One Sample t-test

data：x

t = 105.78, df = 19, p-value < 2.2e-16

alternative hypothesis：true mean is not equal to 0

95 percent confidence interval：

5.106914 5.313086

sample estimates：

mean of x

5.21

95 percent confidence interval：(5.106914, 5.313086)

#(2)

x < − c(4.98, 5.11, 5.20, 5.20, 5.11, 5.00, 5.61, 4.88, 5.27,5.38,
5.46, 5.27, 5.23, 4.96, 5.35, 5.15, 5.35, 4.77, 5.38, 5.54)

sigmaestimator < − function(x,alpha){

n < − length(x)

lv < − sum((x-mean(x))^2)/qchisq(1-alpha/2,n − 1)

uv < − sum((x-mean(x))^2)/qchisq(alpha/2,n − 1)

return(data.frame(置信水平 = "95%",lv = sqrt(lv),uv = sqrt(uv)))

}

sigmaestimator(x,0.05)

置信水平   lv   uv

1   95% 0.1675079 0.3217099

标准差置信水平为 95% 的置信区间为：(0.167 507 9, 0.321 709 9)

3.26

x < − c(86, 87, 56, 93, 84, 93, 75, 79)

y < − c(80, 79, 58, 91, 77, 82, 76, 66)

t.test(x,y,var.equal = TRUE,conf.level = 0.95,alternative = "two.sided")

Two Sample t-test

data：x and y

t = 0.98933, df = 14, p-value = 0.3393

alternative hypothesis：true difference in means is not equal to 0

95 percent confidence interval：

− 6.423596 17.423596

sample estimates：

mean of x mean of y

81.625　　76.125

平均亩产量之差置信度为 95％的置信区间：（−6.423 596,17.423 596）。

3.27
binom. test(6,100,alternative = "l",conf. level = 0.95)

Exact binomial test

data：6 and 100

number of successes = 6，number of trials = 100，p-value < 2.2e-16

alternative hypothesis：true probability of success is less than 0.5

95 percent confidence interval：

0.0000000 0.1149853

sample estimates：

probability of success

0.06

这批货物次品率的单侧置信上限（置信度为 95％）：11.498 53％。

习题 4　参考答案

4.1　认为均值不是 570。

4.2　统计结果拒绝总体均值为 32.5。

4.3　可以认为平均含碳量仍为 4.55。

4.4　近期平均活动人数无显著变化（$\alpha=0.01$）。

4.5　显著性水平 $\alpha=0.05$ 下确定这批元件是否合格。

4.6　新工艺生产的轮胎寿命优于原来的。

4.7　现在与过去的新生婴儿体重无显著差异（$\alpha=0.01$）。

4.8　在 0.01 水平下不能拒绝原假设，即认为均值仍为 3.25。

4.9　调查结果否认了调查主持人的看法（$\alpha=0.05$）。

4.10　在 0.01 水平下认为厂家的广告是虚假的。

4.11　在 $\alpha=0.05$ 下可相信该车间的铜丝折断力的方差为 64。

4.12　在 $\alpha=0.05$ 下这批维尼纶的纤度方差不正常。

4.13　在 0.1 水平下新仪器的精度不比原来的仪器好。

4.14　在 $\alpha=0.05$ 下两种配方生产的橡胶伸长率的标准差有显著差异。

4.15　ks 检验表明在 $\alpha=0.05$ 下接受原假设，即滚珠直径服从 $N(15.1,0.4325^2)$。

4.16　在 $\alpha=0.05$ 下经卡方检验事故与星期几无关。

4.17　在 $\alpha=0.05$ 下经卡方检验色盲与性别有关。

4.18

x < − c(578,572,570,568,572,570,570,572,596,584)

z.test(x,mu = 570,sigma.x = 8,conf.level = 0.95,alternative = "two.sided")

      One-sample z − Test

data： x

z = 2.0555, p-value = 0.03983

alternative hypothesis：true mean is not equal to 570

95 percent confidence interval：

570.2416 580.1584

sample estimates：

mean of x

    575.2

根据检验结果和 p 值,拒绝原假设,认为均值不是 570。

4.19

x < − c(32.56,29.66, 31.64, 30.00,31.87,31.03)

z.test(x,mu = 32.5,sigma.x = 1.1,conf.level = 0.95,alternative = "two.sided")

    One-sample z-Test

data： x

z = − 3.0582, p-value = 0.002227

alternative hypothesis：true mean is not equal to 32.5

95 percent confidence interval：

30.24650 32.00683

sample estimates：

mean of x

31.12667

4.20

x < − c(3.15,3.27,3.24,3.26,3.24)

t.test(x,mu = 3.25,conf.level = 0.99,alternative = "two.sided")

   One Sample t-test

data： x

t = − 0.84478, df = 4, p-value = 0.4458

alternative hypothesis：true mean is not equal to 3.25

99 percent confidence interval：

3.133899 3.330101

sample estimates：

mean of x

　　3.232

在 0.01 水平下不能拒绝原假设,即认为均值仍为 3.25。

4.21

```
x<-c(578,572,570,568,572,570,570,572,596,584)
vartest<-function(x,sigma){
  n<-length(x)
  c2<-sum((x-mean(x))^2)/sigma^2
  p<-1-pchisq(c2,n-1)
  return(data.frame(c2=c2,p=p))
}
vartest(x,8)
      c2          p
1 10.65 0.3004644
```

从 p 值看,不能拒绝原假设。

4.22

```
x<-c(1.32,1.55,1.36,1.40,1.44)
vartest1<-function(x,mu,sigma){
  n<-length(x)
  c2<-sum((x-mu)^2)/sigma^2
  p<-1-pchisq(c2,n-1)
  return(data.frame(c2=c2,p=p))
}
vartest1(x,1.405,0.048)
        c2              p
1 13.68273 0.008379641
```

从 p 值看,方差不再是 0.048^2。

4.23

```
x<-c(1.101,1.103,1.105,1.098,1.099,1.101,1.104,1.095,1.100,1.100)
vartest<-function(x,sigma){
  n<-length(x)
  c2<-sum((x-mean(x))^2)/sigma^2
```

```
p < - 1 - pchisq(c2,n - 1)
return(data. frame(c2 = c2,p = p))
}
vartest(x,sqrt(0.06))
          c2 p
1 0.001306667 1
```

从 p 值看,精度和原来一样,没有变得更好。

4.24
```
x < - c(540,533,525,520,544,531,536,529,534)
y < - c(565,577, 580,575,556,542,560, 532,570,561)
var. test(x,y)
```

F test to compare two variances

```
data: x and y
F = 0.22706, num df = 8, denom df = 9, p-value = 0.04848
alternative hypothesis: true ratio of variances is not equal to 1
95 percent confidence interval:
0.05535396 0.98935110
sample estimates:
ratio of variances
        0.2270595
```

```
qf(0.05,8,9)
[1] 0.295148
```
从 p 值或 F 值看,两种配方生产的橡胶伸长率的标准差有显著差异($\alpha = 0.05$)。

4.25
```
x < - c(15.0, 15.8, 15.2, 15.1, 15.9, 14.7, 14.8, 15.5, 15.6, 15.3, 15.1, 15.3,
    15.0, 15.6, 15.7, 14.8, 14.5, 14.2, 14.9, 14.9, 15.2, 15.0, 15.3, 15.6,
    15.1, 14.9, 14.2, 14.6, 15.8, 15.2, 15.9, 15.2, 15.0, 14.9, 14.8, 14.5,
    15.1, 15.5, 15.5, 15.1, 15.1, 15.0, 15.3, 14.7, 14.5, 15.5, 15.0, 14.7,
    14.6, 14.2)
y < - rnorm(50,15.1,0.4325)
ks. test(x,y)
```

Two-sample Kolmogorov-Smirnov test

data： x and y
D = 0.12, p-value = 0.8643
alternative hypothesis：two-sided
ks 检验表明接受原假设。
4.26
x<- c(9,10,11,8,13,12)
chisq. test(x)

    Chi-squared test for given probabilities

data： x
X-squared = 1.6667, df = 5, p-value = 0.8931

从卡方检验的 p 值看,不能拒绝原假设,即事故和星期几没有关系(原假设是事故在星期几发生服从均匀分布)。

4.27
x<- matrix(c(442,38,514,6),ncol = 2)
dimnames(x)<- list(col = c("n","y"),gender = c("m","f"))
chisq. test(x)

    Pearson's Chi-squared test with Yates' continuity correction

data： x
X-squared = 25.555, df = 1, p-value = 4.3e-07
从卡方检验的 p 值看,拒绝原假设,即认为色盲和性别是有关系的。

习题 5   参考答案

5.1   在显著性水平 $\alpha=0.05$ 下,三种电池的平均寿命有无显著差异。

5.2   在水平 $\alpha=0.05$ 下检验这些百分比的均值有显著的差异。

5.3   在显著性水平 $\alpha=0.05$ 下各班级的平均分数无显著差异。

5.4   (1)在显著性水平 $\alpha=0.05$ 下温度和时间对溶液中的有效成分比例都有显著影响。

(2)从系数比较看,70 ℃、1.5 h 最合适。

5.5   在水平 $\alpha=0.05$ 下,不同浓度下得率有显著差异;在不同温度下得率无显著差异;交互作用的效应无显著差异。

5.6
x<- c(40,38,42,45,46, 26,34,30,28,32,29,39,40,43,50)

```
d < - data.frame(x,A = factor(c(rep(1:3,c(5,6,4)))))
aov1 < - aov(x~A,data = d)
summary(aov1)
          Df Sum Sq Mean Sq F value   Pr(> F)
        A2    584.1   292.1   21.95 9.78e-05 ＊＊＊
Residuals12   159.6    13.3
 - - -
Signif. codes：
0 '＊＊＊' 0.001 '＊＊' 0.01 '＊' 0.05 '.' 0.1 ' ' 1
```

5.7
```
x < - c(29.6,24.3,28.5,32.0,27.3, 32.6,30.8,34.8,5.8,6.2,
11.0,8.3,21.6,17.4,18.3,19.0,25.2, 32.8,25.0,24.2)
d < - data.frame(x,A = factor(c(rep(1:5,each = 4))))
aov1 < - aov(x~A,data = d)
summary(aov1)
          Df Sum Sq Mean Sq F value   Pr(> F)
A           4 1445.1   361.3   39.66 8.28e-08 ＊＊＊
Residuals15   136.6     9.1
 - - -
Signif. codes：
0 '＊＊＊' 0.001 '＊＊' 0.01 '＊' 0.05 '.' 0.1 ' ' 1
```

5.8
```
x < - c(73, 89, 82, 43, 80, 73, 66, 60, 45, 93, 36, 77, 88, 78, 48, 91, 51, 85, 74,
     56, 77, 31, 78, 62,76,96, 80, 79, 56, 91, 71, 71, 87, 41, 59, 68,53, 79,
     15)
d < - data.frame(x,A = factor(c(rep(1:3,c(12,15,12)))))
aov1 < - aov(x~A,data = d)
summary(aov1)

          Df Sum Sq Mean Sq F value Pr(> F)
A           2    349   174.40.471  0.628
Residuals36 13336   370.4
```

5.9
```
x < - c(76, 80,82,83, 85,86,80,82,83)
d < - data.frame(x,A = gl(3,3),B = gl(3,1,9))
aov1 < - aov(x~A + B,data = d)
```

```
summary(aov1)
         Df Sum Sq Mean Sq F value  Pr(>F)
A         2  42.89  21.444  27.57 0.00457 **
B         2  24.89  12.444  16.00 0.01235 *
Residuals 4   3.11   0.778
― ― ―
```

Signif. codes：

0 ' *** ' 0.001 ' ** ' 0.01 ' * ' 0.05 '.' 0.1 ' ' 1

aov1 $ coefficients

(Intercept)	A2	A3	B2
77.111111	5.333333	2.333333	2.666667

B3
4.000000

从系数比较看,70 ℃、1.5 h 最合适。

5.10

x < - c(14,10,9, 7,5, 11,11,11,10,8, 13, 14,13,9,
    7,11,12,13,10, 12,6,10,14, 10)

d < - data.frame(x,A = gl(4,6),B = gl(3,2,24))

aov1 < - aov(x~A + B + A:B,data = d)

summary(aov1)

```
         Df Sum Sq Mean Sq F value Pr(>F)
A         3  11.50   3.833   0.708  0.5657
B         2  44.33  22.167   4.092  0.0442 *
A:       B  6       27.00    4.500  0.831 0.5684
Residuals 12 65.00   5.417
― ― ―
```

Signif. codes：

0 ' *** ' 0.001 ' ** ' 0.01 ' * ' 0.05 '.' 0.1 ' ' 1

只有浓度起作用,温度及交互作用统计效果不明显。

习题6 参考答案

6.1　(2) $\hat{y}=13.96+12.55x$

　　(3) 拒绝原假设

　　(4) (19.661 56,20.805 56)

6.2　$\hat{y}=24.628\,571+0.058\,857x$

6.3　(2) $\hat{y}=-0.119\,97+0.988\,78x$

(3) (13. 287，14. 158 93)

6.4   略

6.5   曲线回归方程：$\hat{y} = 32.455\,646\,9e^{0.916\,922\,9x}$

6.6

```
x <- c(0.10,0.30,0.40,0.55,0.70,0.80,0.95)
y <- c(15,18,19,21,22.6,23.8,26)
plot(x,y)
lm1 <- lm(y~x)
summary(lm1)

Call：
lm(formula = y ~ x)

Residuals：
      1          2         3         4          5          6
- 0.21342   0.27651   0.02148   0.13893  - 0.14362  - 0.19866
      7
0.11879

Coefficients：
            Estimate Std. Error t value Pr(>|t|)
(Intercept) 13.9584     0.1735    80.47 5.62e - 09 ***
x           12.5503     0.2849    44.05 1.14e - 07 ***
- - -
Signif. codes：
0 '***' 0.001 '**' 0.01 '*' 0.05 '.' 0.1 ' ' 1

Residual standard error：0.2078 on 5 degrees of freedom
Multiple R-squared：  0.9974,Adjusted R-squared：  0.9969
F-statistic：  1940 on 1 and 5 DF，  p-value：1.138e-07
predict(lm1,data.frame(x = 0.5),level = 0.95,interval = "prediction")
      fit      lwr      upr
1 20.23356 19.66156 20.80556
```

6.7

```
x <- c(300,400,500,600,700,800)
y <- c(40,50,55,60,67,70)
plot(x,y)
```

```
lm1 <- lm(y～x)
summary(lm1)
```

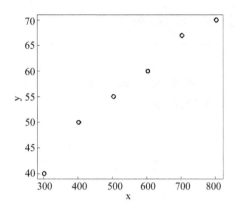

习题 6.7 参考答案图

Call：
lm(formula = y ～ x)

Residuals：

1	2	3	4	5	6
-2.28571	1.82857	0.94286	0.05714	1.17143	-1.71429

Coefficients：

	Estimate	Std. Error	t value	Pr(>|t|)	
(Intercept)	24.628571	2.554415	9.642	0.000647	***
x	0.058857	0.004435	13.270	0.000186	***

- - -

Signif. codes：
0 ' *** ' 0.001 ' ** ' 0.01 ' * ' 0.05 ' . ' 0.1 ' ' 1

Residual standard error：1.855 on 4 degrees of freedom
Multiple R-squared： 0.9778,Adjusted R-squared： 0.9722
F-statistic：176.1 on 1 and 4 DF， p-value：0.0001864

6.8
```
x <- c(17.1,6.5,13.8,15.7,11.9,6.4,15,16,17.8,15.8,15.1,12.1,18.4,17.1,
    16.7,16.5,15.1,15.1)
y <- c(16.7,6.4,13.5,15.7,11.6,6.2,14.5,15.8,17.6,15.2,14.8,11.9,18.3,
    16.7,16.6,15.9,15.1,14.5)
plot(x,y)
lm1 <- lm(y～x)
summary(lm1)
```
Call：

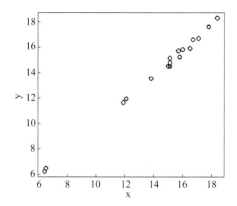

习题 6.8 参考答案图

```
lm(formula = y ~ x)
```

Residuals：
| Min | 1Q | Median | 3Q | Max |
| -0.310621 | -0.088182 | -0.009425 | 0.114623 | 0.296111 |

Coefficients：
	Estimate	Std. Error	t value	Pr(>|t|)
(Intercept)	-0.11997	0.21242	-0.565	0.58
x	0.98878	0.01422	69.512	<2e-16 ***

- - -

Signif. codes：
0 ' * * * ' 0.001 ' * * ' 0.01 ' * ' 0.05 '.' 0.1 ' ' 1

Residual standard error：0.2 on 16 degrees of freedom
Multiple R-squared： 0.9967, Adjusted R-squared： 0.9965
F-statistic： 4832 on 1 and 16 DF， p-value：< 2.2e-16

```
predict(lm1,data.frame(x = 14.0),interval = "prediction",level = 0.95)
       fit     lwr      upr
1 13.72296 13.287 14.15893
```

6.9
```
x < - c(rep(c(3,4,9,15,40),c(3,3,3,3,2)))
y < - c(28,33,22,10,36,24,15,22,10,6,14,9,1,1)
plot(x,y,xlim = c(2,41))
z < - log(y)
plot(x,z)
y1 < - log(y)
```

```
lm2 <- lm(y1~x)
summary(lm2)

Call：
lm(formula = y1 ~ x)

Residuals：
    Min       1Q   Median      3Q      Max
-0.83036 -0.09913  0.01355  0.23575  0.46016

Coefficients：
            Estimate Std. Error t value Pr(>|t|)
(Intercept)  3.479874   0.142558   24.41 1.35e-11 ***
x           -0.086732   0.008237  -10.53 2.05e-07 ***
---
Signif. codes：
0 '***' 0.001 '**' 0.01 '*' 0.05 '.' 0.1 ' ' 1

Residual standard error：0.3734 on 12 degrees of freedom
Multiple R-squared： 0.9023,Adjusted R-squared： 0.8942
F-statistic：110.9 on 1 and 12 DF，  p-value：2.046e-07

> exp(lm2 $ coefficients)
(Intercept)          x
32.4556469   0.9169229
```

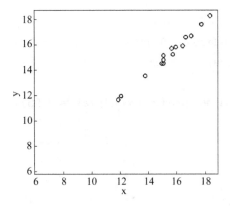 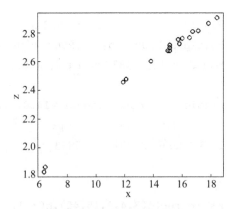

习题 6.9 参考答案图(一)   习题 6.9 参考答案图(二)